GALERIE

ZOOLOGIQUE.

Approuvé, pour faire partie des publications de la Bibliothèque universelle de la Jeunesse, par délibération de ses comités du 11 mai 1837.

IMP. DE MOQUET ET COMP., RUE DE LA HARPE, 90.

GALERIE
ZOOLOGIQUE,

OU

EXPOSÉ ANALYTIQUE ET SYNTHÉTIQUE DE L'HISTOIRE

NATURELLE DES ANIMAUX :

PAR M. ADRIEN ANTELME,

DOCTEUR EN MÉDECINE.

Sous la Direction

DE M. GEOFFROY-ST.-HILAIRE.

TOME II.

PARIS,

A LA SOCIÉTÉ BIBLIOGRAPHIQUE,

RUE SAINT-ANTOINE, 76.

1837.

TABLE MÉTHODIQUE

DES DIVERS GENRES D'ANIMAUX

CONTENUS DANS LE SECOND VOLUME.

FIN DE LA TABLE DU SECOND VOLUME.

Pl. 1.

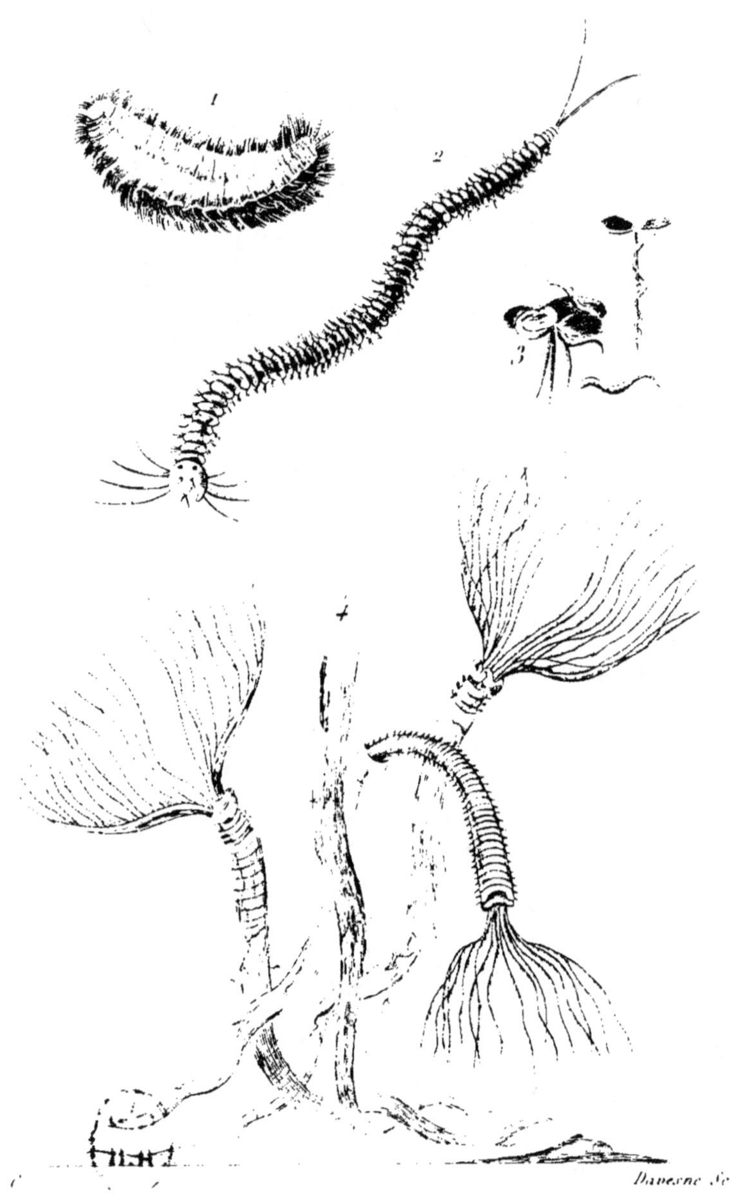

Davesne Sc.

1. l'Amphinome 2. Néréide 3. Nais 4. l'Amphitrite

GALERIE ZOOLOGIQUE.

DES ANIMAUX ARTICULÉS.

CLASSE DES ANNÉLIDES.

CHAPITRE PREMIER.

§ 1er. – *Annélides abranches.*

LES SANGSUES.

Ces animaux ont acquis aujourd'hui une telle célébrité, comme moyen médical, qu'il n'est personne qui n'ait vu ou connu, plus ou moins, la sangsue officinale, une des espèces les plus communes, et qui sert ordinairement de type à ce groupe. Il serait difficile de dire où remonte l'origine de la découverte de ces animaux, surtout sous le rapport de leur emploi en médecine. On prétend cependant qu'elles furent connues des Romains et des Grecs, et même des Hébreux : toujours est-il certain qu'elles l'étaient de Pline, qui dit que les éléphants qui en avalent en buvant sont cruellement tourmentés, et qui paraît avoir connu leur avidité pour le sang, puisqu'il leur donne le nom de *sanguisuga*.

Les sangsues ne sont pas rares dans nos climats, où on les trouve dans la plupart des fossés, des fontaines et des ruisseaux. On les voit nager à la manière des anguilles, par un mouvement onduleux de leur corps, qui est entièrement mou, alongé, et ridé en travers en un grand nombre d'anneaux, ce qui a fait donner le nom d'*annélides* à cette classe d'animaux. Le premier et le dernier de ces segments ou anneaux sont dilatés, et forment deux ventouses que l'animal emploie pour se fixer sur différents corps, lorsqu'il veut ramper. La ventouse antérieure, c'est-à-dire celle qui est située du côté de la tête, est celle qui sert à sucer lorsque la sangsue l'applique sur les animaux qu'elle peut atteindre, et voici par quel moyen elle parvient à perforer la peau et à atteindre le sang. Au fond de l'entonnoir que forme le suçoir dont il est ici question, est la bouche, ou l'entrée du tube digestif, armée de trois mâchoires ou de trois espèces de dents fort dures, dont le tranchant offre deux rangs de denticules très fins et très serrés. Ces mâchoires sont soutenues par un cercle cartilagineux qui entoure la bouche, et sont assez puissantes pour entamer profondément la peau.

Si, lorsque la *sangsue* est gorgée, on vient à l'ouvrir, on voit au-dessous de la peau son tube digestif formé d'une membrane mince et transparente de distance en distance. Il est coupé d'une série d'étranglements et pourvu de poches latérales en forme de bouts de doigts de gants, situés des deux côtés, dans toute sa longueur; enfin, deux de ces poches sont à l'extrémité de ce canal alimentaire qui s'ouvre au dehors entre elles par un orifice fort étroit. Le sang avalé peut, à ce qu'il paraît, s'y conserver rouge et sans altération même pendant plusieurs semaines.

La peau est bien organisée; elle se compose de trois parties distinctes : 1o d'un *épiderme* percé d'un grand nombre de petits trous, par lesquels suinte une liqueur gluante dont la *sangsue* est toujours enduite, épiderme qui

se renouvelle tous les quatre à cinq jours ;
2 d'une *couche colorée,* qui varie selon les
espèces ; 3° d'un *derme*, ou tunique épaisse
coupée d'articulations circulaires, et qui renferme dans son épaisseur les vésicules pro-
ductrices de l'humeur gluante qui suinte à
la surface par les pores de l'épiderme. Au-
dessous du derme, entre sa couche et la tunique du tube digestif, se trouve un plan de
fibres musculaires, les unes longitudinales,
les autres transversales, dont les contractions
déterminent les mouvements de l'animal.
Sous le ventre, et de distance en distance, on
voit encore deux séries d'orifices, ordinairement remplis d'un fluide muqueux, et dont
on ignore les usages, mais que plusieurs naturalistes regardent cependant comme les organes de la respiration. Enfin nous ajouterons,
pour compléter cette notion générale de l'a-
natomie des *sangsues*, que le long du dos
sont, depuis la tête jusqu'à la queue, de petits
points ou ganglions de matière nerveuse, qui
sont réunis par de petits filets de la même
substance, et d'où rayonnent une infinité de
petits nerfs; que ces animaux ont des vaisseaux
dans lesquels circule du *sang rouge,* ce que
nous n'avons encore rencontré chez aucun
de ceux dont nous avons parcouru la série

dans le volume précédent, et que les deux sexes se rencontrent sur le même individu.

Les *sangsues* ont, du côté de la tête, quelques points noirs, variables en nombre selon les espèces, et qu'on a supposé être des yeux ; mais la chose est fort douteuse : ce qui paraît plus certain , c'est qu'elles possèdent le sens du goût et celui du toucher surtout ; car leur épiderme jouit d'une sensibilité exquise. On ne saurait leur attribuer ni les sensations de l'ouie, ni celles de l'odorat, à moins que, pour ces dernières, on ne veuille donner ce nom à l'irritation que produit sur toute la surface de la peau le contact de certaines substances âcres, acides ou alcalines ; car on sait qu'un peu de tabac ou de sel de cuisine, mis en contact avec leur peau, suffit pour les irriter et leur faire lâcher prise lorsqu'elles sucent quelque être vivant; toujours est-il que des sangsues qui ont été mises en expérience pendant trois jours , dans des vases qui contenaient du musc, du castoréum , de l'assa-fœtida, de la valériane, de l'ail pilé , n'en ont éprouvé aucun effet délétère. Quant au sens du goût, dont nous venons de parler, il serait impossible de le nier quand on songe à l'avidité avec laquelle elles entament la chair pour sucer le sang; mais il y a plus, on a réussi

à leur faire sucer une quantité notable, **non**
seulement de lait et d'huile, mais encore d'eau
gommeuse très-épaisse, préparée avec une
décoction de coloquinte, en les appliquant
à des éponges imprégnées de ces diverses substances.

On a pensé que quelques espèces de *sang-*
sues se nourrissaient de plantes, mais rien
n'est moins prouvé : il est certain, au contraire,
qu'elles sont fort avides de substances animales. Elles s'attachent aux hommes, aux
animaux vivants ou à leurs cadavres, lorsqu'elles les rencontrent, ou bien elles sucent
des limaçons, des vers ou des larves d'insectes. Elles s'attaquent même et se sucent entr'elles lorsqu'elles sont affamées et renfermées
dans un lieu trop étroit ; mais elles peuvent
suppléer au défaut de nourriture par la facilité avec laquelle elles supportent l'abstinence,
facilité dont on peut se faire une idée lorsqu'on voit les pharmaciens les conserver,
même pendant plusieurs années, avec la simple précaution de les changer d'eau de temps
en temps.

Il existe des *sangsues* dans presque toutes
les parties du monde, et les espèces doivent
en être assez nombreuses, si l'on en croit les
voyageurs. Hors une seule espèce qui paraît

vivre sur les plantes terrestres, toutes habitent constamment les eaux, quelques unes la mer, mais le plus grand nombre les étangs ou les ruisseaux. Le groupe de ces animaux forme, pour beaucoup de naturalistes, une seule famille que l'on désigne du nom d'*hirudinées*.

L'espèce dite *sangsue officinale*, la seule à laquelle nous ayons dû nous arrêter ici, est d'ordinaire noirâtre, rayée de jaunâtre en dessus, jaunâtre tachetée de noir en dessous : elle se présente en France sous deux variétés, l'une plus noire, commune dans le nord, l'autre verte, et plus commune dans le midi. A Paris on préfère la première, dans les provinces méridionales la seconde, sans doute par un effet de l'habitude. Du reste, ces deux variétés n'offrent aucune différence quant à leur effet médical. Si quelquefois leur piqûre est suivie d'inflammation, cette circonstance parait plutôt tenir à la disposition du sujet et au plus ou moins de profondeur de la blessure qu'à un venin de l'animal. La seule espèce, dite *sangsue des chevaux*, beaucoup plus grande que la précédente, et toute d'un noir verdâtre, pourrait inspirer quelque défiance, si l'on en croyait Linné, qui pense que neuf de ces animaux suffiraient pour tuer un cheval; mais on sait aujourd'hui que cette sangsue n'est pas plus malfaisante que les autres espèces, que seulement sa morsure est un peu plus forte. Cet accident ne paraît pas dépendre non plus de ce que la sangsue aurait déjà servi, puisque cela a été fait bien des fois sans inconvénient, ni même de ce qu'en l'arrachant avec force, une dent serait restée dans la plaie, car elles sont assez solidement fixées pour ne pouvoir être arrachées ainsi.

Ce sont ordinairement les paysans qui font la récolte des *sangsues*, en exposant leurs jambes nues à la piqûre de ces animaux, ou en ramassant celles qui sont fixées au fond des mares; ils les déposent ensuite dans des sacs mouillés ou dans des vases remplis d'eau. D'autres fois on se sert pour appât d'un morceau de chair qu'on laisse dans l'eau, et que l'on trouve le lendemain couvert de sangsues; mais ce moyen est mauvais, en ce qu'on n'obtient que des sangsues déjà gorgées et qui prennent difficilement lorsqu'on veut s'en servir.

Les *sangsues* sont, depuis une vingtaine d'années, d'un usage si fréquent, qu'elles ont donné lieu à une branche particulière d'industrie et de commerce; elles sont même devenues si rares en France, et surtout en

Angleterre, qu'il a fallu aviser aux moyens de les importer et de les conserver. D'après la statistique de la ville de Paris, il en est entré trois cent mille en 1826, pour le seul approvisionnement de ses hôpitaux. C'est surtout de l'Espagne, de l'Allemagne et de la Hongrie qu'on les tire, et de là elles sont transportées dans des barils pleins d'eau dont le dessus est percé de trous. On en a même formé des parcs où elles peuvent se nourrir et se propager aisément. Comme, après leur fécondation, elles pondent une masse ovulaire, semblable à un cocon de ver-à-soie, formée d'une capsule extérieure de matière gélatineuse renfermant dans son intérieur un nombre plus ou moins considérable d'œufs d'où doivent sortir les jeunes sangsues, les paysans bretons, qui connaissent ce fait depuis long-temps, sont dans l'usage d'aller à la recherche de ces cocons et de les porter dans des lieux où auparavant il n'existait pas de sangsues, pour les y faire multiplier.

LES NAÏDES.

On trouve dans la vase des ruisseaux et des eaux stagnantes, de petits vermisseaux, longs de quelques lignes seulement, en forme d'anguilles ou de petits serpents, fort agiles et fort élégants, de couleur rouge transparente, auxquels Müller donna le nom de *naïs*, et Bruguière, celui de *nayades ;* noms empruntés aux nymphes qui, selon la mythologie, présidaient aux fontaines et aux rivières.

Le corps des *naïdes* est marqué en travers de petits anneaux, sur les côtés desquels sortent de petits cils ou soies latérales, qui, quelquefois, sont assez longues. Elles ont un tube intestinal à deux ouvertures. Elles sont très voraces, et se nourrissent d'animaux microscopiques; mais elles deviennent souvent, à leur tour, la proie des polypes d'eau douce. Un vaisseau sanguin règne le long de leur dos, et l'on voit souvent à leur tète de petits points noirs que l'on peut prendre pour des yeux.

Leur mode de propagation n'est pas encore bien connu ; on dit cependant qu'au printemps le microscope fait apercevoir, en dessous et à l'extrémité postérieure du corps, une masse remplie d'une quantité innombrable d'œufs ; quelques uns ont même cru distinguer dans leur corps des petits roulés sur eux-mêmes, comme nous l'avons déjà observé dans le *vibrion* de la pâte. Il parait toujours certain que, comme les *hydres*, elles ont une force de reproduction étonnante par la scission ; Roësel et Trembley, ayant coupé quelques *naïdes* par le milieu du corps, ont reconnu que chaque tronçon pouvait bientôt donner lieu à un nouvel individu.

Le plus ou moins de longueur des soies, l'existence ou l'absence d'une trompe en avant, ou de plusieurs petits tentacules en arrière, caractérisent quelques espèces différentes parmi ces animaux.

LES LOMBRICS.

Les *lombrics*, vulgairement appelés *vers de terre*, sont des animaux fort communs dans nos jardins, et que l'on rencontre souvent dans les temps chauds et humides. Lorsque la nuit est arrivée, et que tout est devenu calme, ils sortent de la terre, où ils s'étaient renfermés pendant le jour, soit pour venir manger, soit pour s'accoupler, soit encore, à ce qu'il paraît, uniquement pour prendre l'air. On les voit, en effet, tantôt portant de côté et d'autre la partie antérieure de leur corps pour chercher à manger, tantôt restant plusieurs heures sans mouvement, étendus près de leur trou, dans lequel ils ont presque toujours le derrière du corps engagé, prêts à y rentrer tout d'un coup à la moindre alarme. C'est alors qu'on peut aisément s'en procurer et les observer; car la lumière la plus vive ne les fait pas fuir, si l'on a soin de s'approcher sans bruit et sans donner de secousse à la terre.

Le corps des *lombrics* est cylindrique, alongé, coupé d'articulations comme dans les animaux précédents, et aminci aux deux extrémités. En avant, il se termine par une tête, sans yeux et sans appendices d'aucune sorte, au sommet de laquelle on voit seulement l'ouverture de la bouche. Le long du dos règne, de chaque côté, une série de pores situés sur chaque anneau, par lesquels suinte l'humeur visqueuse qui l'enduit, et qui servent peut-être à la respiration. M. Montègre, qui, en 1813, présenta à l'Académie des sciences quelques observations nouvelles sur ces animaux, signala surtout deux pores particuliers placés au dessous du seizième anneau, et une sorte de ceinture, nommée le *bât*, formée, vers le trente-deuxième, par la peau gonflée, plus lisse, et d'un rouge livide, comme les organes destinés à la génération. Dans ce cas, le *bât* de chaque ver accouplé est accolé aux deux petits pores dont nous venons de parler, appartenant à l'autre individu, de manière à ce qu'ils se trouvent tous les deux dans une direction inverse. Chacun des anneaux du corps des *lombrics* porte, en outre, de chaque côté, de petites soies d'un jaune doré, qui servent comme de pieds capables d'aider la locomotion de ces animaux.

A l'intérieur, on voit un tube digestif droit, ridé en travers, n'ayant ni dents ni mâchoires à son entrée, mais formant vers le haut un gésier très-solide et très-charnu. Toutes les veines du corps viennent aboutir à un seul tronc, occupant le milieu du dos, qui fait l'office d'un cœur et lance par ses contractions le sang dans les artérioles, qui le distribuent dans les différents organes. Le tout est enveloppé d'une couche musculeuse analogue à celle des *sangsues*, et que recouvre une peau enduite de mucosité.

C'est vers le commencement du mois d'août que la parturition a lieu, environ un mois après la fécondation. Les œufs, qui s'étaient formés dans la partie antérieure du corps, descendent peu à peu entre la couche des muscles et la paroi de l'intestin, jusque dans un petit réservoir qui entoure l'anus, et là ils éclosent, pour la plupart, avant de sortir au dehors, de sorte que les *lombrics* peuvent donner naissance à des petits vivants. Ces animaux conservent encore, comme presque tous ceux qui appartiennent aux classes inférieures, la faculté de se régénérer après la division. D'après les expériences de Réaumur et de Bonnet, lorsqu'on coupe un ver de terre en deux, au bout de trois à six mois ses tronçons redeviennent des vers entiers.

Les *lombrics* aiment la terre grasse, humide et mouvante des jardins et des fumiers, ils s'y creusent, au moyen de leurs lèvres, des canaux de la grosseur de leur corps. Ils avalent cette terre au fur et à mesure, et la rejettent ensuite sous cette forme de petits cylindres que l'on voit ordinairement près de leurs trous. Mais la terre ne suffit pas à leur nourriture; ils mangent souvent des parties d'autres animaux morts et même des corps de vers de leur espèce. Ils mangent surtout des morceaux de feuilles et de racines, et l'on en trouve presque toujours d'abondants débris entassés dans leur estomac ou dans l'intestin, mêlés à de la terre assez grossière, et même à des pierres très grosses et très anguleuses. Il paraît aussi que ce sont eux qui découpent ces feuilles à demi pourries qu'on trouve réduites

à un lacis de nervures semblables à de la
dentelle. Ces animaux sont capables de supporter un jeûne très prolongé, qui peut
durer, à ce qu'on suppose, de huit à neuf
mois. L'hiver, ils s'enfoncent dans la terre,
où ils se logent dans une sorte de fourreau.
formé avec la matière glutineuse qui enduit
leur corps.

Autrefois, les *lombrics* étaient employés,
en pharmacie, à la préparation de l'*huile de
vers*, destinée à faire des frictions pour forti-
fier les nerfs et les jointures, ou contre la pa-
ralysie, la goutte, etc. On mettait parties
égales en poids de vers bien lavés à l'eau
tiède et d'huile d'olives dans une bassine exposée à un feu doux ; on ajoutait deux onces
de vin blanc, on passait ensuite à travers un
linge et l'on conservait cette préparation dans
des vases biens bouchés. Mais elle n'est plus
en usage de nos jours; on sait très bien que
l'huile seule agissait par sa propriété adoucis-
sante. Les *vers de terre* ne servent guère
aujourd'hui qu'à la pêche et comme appât;
on prétend même que ce mets est rendu plus
agréable aux poissons lorsque, quelques jours
à l'avance, on a soin de mettre les *vers* dont
on veut se servir dans la terre mélangée avec
du pain de chénevis ou de quelque autre

substance analogue. L'homme, du reste, fait
peu la guerre à ces animaux assez innocents,
et qui ne font aucun tort aux plantes, quoiqu'ils vivent dans nos jardins en assez grand
nombre ; les poules, les oiseaux, les hérissons
et les taupes sont leurs plus cruels ennemis.
On assure que quelques peuples de l'Inde
en sont très friands, et qu'ils les mangent
tout crus.

§ 2. *Annélides dorsibranches.*

LES APHRODITES.

Ce sont des vers marins, dont l'organisation est en tout tellement analogue à celle des
vers dont l'histoire précède, qu'il serait inutile d'entrer ici encore dans des détails anatomiques. Quant à leur forme, elle est généralement plus courte, plus aplatie et plus large
que celle des autres *annélides*, et elle se distingue par deux rangées d'écailles membraneuses qui couvrent le dos de l'animal et pro-

tègent les branchies qui sont au dessous en forme de petites crêtes charnues. Des paquets de soies, placés de distance en distance, leur servent de pieds. Dans la saison de la reproduction, on trouve une laite dans le corps du mâle, et des œufs dans celui de la femelle, mais sans aucune ouverture apparente et spéciale pour leur donner issue.

Selon la description qu'en donne Cuvier, nous en avons une sur nos côtes, qui est un des animaux les plus admirables par ses couleurs, l'*aphrodite hérissée*. «Elle est ovale, dit-il, longue de six à huit pouces, large de deux à trois. Les écailles de son dos sont recouvertes et cachées par une bourre semblable à de l'étoupe, qui prend naissance sur les côtés. De ces mêmes côtés, naissent des groupes de fortes épines, qui percent en partie l'étoupe des faisceaux de soies flexueuses, brillantes de tout l'éclat de l'or, et changeantes en toutes les teintes de l'iris. Elles ne le cèdent en beauté, ni au plumage des colibris, ni à ce que les pierres précieuses ont de plus vif. Plus bas est un tubercule, d'où sortent des épines en trois groupes, et de trois grosseurs différentes, et enfin un cône charnu. On compte quarante de ces tubercules de chaque côté, et entre les deux premiers sont

deux petits tentacules charnus. Il y a quinze
paires d'écailles, larges et quelquefois bour-
soufflées, sur le dos, et quinze petites crêtes
branchiales de chaque côté.»

LES PALMYRES.

Les *palmyres* forment un genre qui diffère
du précédent par l'absence d'écailles sur le
dos et par la petitesse de leurs branchies. On
leur voit, en outre, des faisceaux supérieurs
de soies grandes, aplaties, disposées en évan-
tail, d'un si beau poli et d'une teinte si brillante, que l'unique espèce que l'on connaisse
porte le nom d'*aurifère*. Celle-ci, que l'on
trouve dans l'Ile de France particulièrement,
brille, en effet, de tout l'éclat de l'or.

LES NÉRÉIDES.

Linné avait établi sous cette dénomination
un genre fort nombreux de vers, qui a été
démembré par la suite par la plupart des auteurs. Il y comprenait, par exemple, les *naïdes*, espèces fluviatiles qui en sont entière-

ment séparées aujourd'hui. Ce nom désigne un ordre pour les uns, une famille pour les autres, ou simplement un genre divisé en plusieurs sous-genres; mais voulant nous dispenser ici de toutes recherches trop minutieuses de classification, nous nous contenterons de donner une idée des animaux qui caractérisent plus particulièrement le groupe des *néréides*.

Filles de la mer, ces créatures infimes sont loin de justifier le nom pompeux qu'elles portent, et elles ne sauraient autrement rappeler les divinités auxquelles on l'a emprunté, que par leur séjour sur les bords de l'empire de Neptune. Ce sont tout simplement des vers à anneau ou des *annélides*, parfaitement analogues à celles dont nous venons de parler, et que l'on trouve en grand nombre le long de nos côtes. Il est à remarquer que ce groupe fournit une des espèces les plus grandes connues, que l'on a séparé cependant comme genre à part sous le nom d'*eunices* et qui peut atteindre jusqu'à un mètre et demi de long environ.

Le corps des *néréides* est a'ongé, un peu déprimé, atténué aux extrémités dont l'antérieure présente une sorte de petite tête sur laquelle on voit une ou deux paires de taches noires que l'on a regardées comme des yeux; en avant se trouve un trou rond qui sert de bouche, ou d'autres fois une trompe composée d'un ou de deux anneaux, et que l'animal peut faire rentrer ou sortir à sa volonté. Les anneaux qui composent le reste du corps sont larges et forment des segments nettement articulés, sur les côtés desquels naissent des appendices dont la portion supérieure fournit des espèces de tentacules ou de branchies, et l'inférieure des soies dures et cornées qui servent de pattes à l'animal; ce qui leur donne assez l'apparence de ces insectes à pieds nombreux, connus sous le nom de *scolopendres*, et a fait souvent désigner les vers dont il s'agit ici sous le nom de *scolopendres de mer*. Autour de la base de leur tête sont souvent attachés des tentacules qui se prolongent en avant, et quelques espèces ont dans leur trompe une paire de mâchoires. La peau qui les recouvre est assez mince et brille de l'éclat et des couleurs du prisme.

Quant à la structure intérieure, on trouve sous la peau deux plans de fibres musculaires, les unes transversales, les autres longitudinales, et de ces fibres partent encore de petits faisceaux qui vont mouvoir la trompe, ou les appendices sur lesquels sont fixées les soies. Au-dessous est un canal intestinal coupé de rides transversales, varié d'ailleurs selon la diversité des espèces et entouré quelque-fois de glandes salivaires. La circulation est tout à fait analogue à celle des animaux pré-cédents et le système nerveux consiste en un filet placé le long du ventre et un peu renflé vis-à-vis chaque anneau.

Ce groupe a été divisé, comme nous l'avons dit, en un nombre de genres assez considé-rables parmi lesquels on trouve les *eunices*, dont nous avons déjà parlé, les *alciopes*, les *spio*, les *lombrinières*, les *ophélies*, les *cir-rhatules*, etc. Mais nous nous abstiendrons d'insister ici sur des caractères différentiels qui ne sauraient intéresser que quelques na-turalistes.

LES AMPHINOMES.

M. Savigny range les *amphinomes* dans la famille des néréidées, Lamark dans la fa-mille des annélides pourvues d'antennes; mais ces auteurs, ainsi que Cuvier, ont distingué ce groupe comme genre depuis son institu-tion par Bruguières.

Ces animaux ont, pour la plupart, le corps moins alongé que les *néréides* et se rapprochent des *aphrodites* pour la forme ; sur chacun des anneaux qui les composent s'élève une paire de branchies en forme de houppes ou de panaches plus ou moins compliqués. En avant, on voit saillir une trompe toujours dépourvue de mâchoires. Les pieds sont disposés en rames séparées, munies de faisceaux de soies.

Parmi les espèces de ce genre, on remarque surtout l'*amphinome chevelue* de la mer des Indes, qui se distingue par ses longs faisceaux de soies couleur de citron, par les beaux panaches pourpres de ses branchies, par sa forme large et déprimée et par la crète verticale qui s'élève sur son museau.

LES ARÉNICOLES.

C'est ainsi que sont désignés par les naturalistes, ces vers que l'on voit constamment recherchés par les pêcheurs lors de la marée basse, le long des côtes sabloneuses et au moyen de pioches, pour s'en servir ensuite comme d'appât. Ces animaux, qu'un observateur peu attentif pourrait confondre avec les *vers de terre*, en sont éminemment distincts cependant par des branchies extérieures bien apparentes, qui règnent le long de leur dos, mais qui ne se prolongent pourtant, ni jusqu'à l'extrémité postérieure de leur corps, ni jusqu'à l'extrémité antérieure ; elles occupent la partie moyenne seulement. Des faisceaux de soies règnent aussi dans toute cette partie et se prolongent en avant ; en arrière ils manquent entièrement.

L'unique espèce qui compose ce genre porte le nom d'*arénicole des pécheurs*, à cause de l'usage que ceux-ci en font pour leur pêche. On voit ces animaux, fort communs sur nos côtes, se creuser dans le sable du rivage des cavités cylindriques qu'ils habitent et qu'ils tapissent de fourreaux membraneux, ou venir exposer à la surface leur corps de couleur cendrée ou rougeâtre, orné de branchies disposées en rameaux d'un beau rouge, et de soies d'un brun doré éclatant.

§ 3. *Tubicoles.*

LES AMPHITRITES.

Ces belles habitantes des mers se font remarquer par la parure qui orne leur tête et
qui consiste en deux peignes brillants de
l'éclat métallique. Ces ornements, dont on
ignore les usages, mais qui servent peut-être
à ramper, ou de moyen de défense, aux *amphitrites*, au lieu d'être disposés en peignes,
consistent, chez quelques-unes, en des pailles
dorées, distribuées en couronnes concentriques qui peuvent s'étaler ou se rapprocher
et fermer d'un *opercule* le tuyau dans lequel
vivent ces animaux ; cette disposition leur a
valu le nom vulgaire de *pinceaux de mer*.

Nous venons de dire que les *amphitrites* habitent des tuyaux ; et en effet, ces *annélides tubicoles* suintent, pour les former, une matière
gélatineuse à laquelle elles mêlent du sable et
des débris de coquilles, puis elles restent fixées
à ces tubes que l'on trouve quelquefois réunis
en grand nombre comme les alvéoles que
construisent les abeilles, ou bien entourant

leshuîtres et différents coquillages de leurs replis tortueux, et elles se contentent de chercher leur nourriture en faisant sortir de leur tube la partie antérieure de leur corps qu'elles agitent.

Le corps des *amphitrites* est marqué d'anneaux sur les côtés desquels on voit des filaments charnus et des soies qui leur servent de pattes pour les aider à sortir de leur fourreau; on voit aussi, le long du dos, des branchies en forme de peignes, mais seulement dans la partie de leur corps qui peut se montrer en dehors, la partie qui reste dans le tube en est dépourvue. La peau de ces animaux est si transparente qu'on voit au travers leurs viscères intérieurs, on distingue très bien leur vaisseau principal rempli de sang rouge, et leur canal intestinal qui est toujours rempli de sable.

Quelques auteurs ont distingué, comme formant des genres à part, quelques-uns de ces êtres dont les formes diffèrent quelque peu de celles que nous venons d'indiquer et telles sont : 1° les *sabelles* qui ont le corps plus large à la partie antérieure, armé de plusieurs paquets de soies, et à chaque côté de leur bouche un panache de branchies en forme d'éventail ; 2° les *térébelles* qui ont moins d'anneaux à leur corps et dont la tête est autrement ornée. Mais beaucoup de naturalistes considèrent ces groupes comme devant figurer seulement au rang des espèces assez nombreuses d'*amphitrites* et parmi lesquelles nous citerons, à cause de sa beauté, l'*amphitrite dorée*; bien que remarquable, cette espèce n'est point rare, on la trouve dans presque toutes les mers et sous les pierres du rivage. Son corps est de couleur blanchâtre ou à reflets violets, et quatorze faisceaux de soies brillent de chaque côté comme des fils délicats de laiton; mais son nom est justifié surtout par les peignes qui embellissent sa tête; chacun d'eux est composé de treize paillettes étroites, pointues et resplendissantes comme l'or.

LES SERPULES.

Ce sont encore des *annélides tubicoles*, mais dont les tubes sont formés par l'animal même, solides et entièrement calcaires comme des coquilles; ils sont souvent marqués en travers de stries d'accroissement et quelquefois divisés dans leur extrémité postérieure par quelques cloisons en loges inégales qui rappellent vaguement la coquille de certains gastéropodes.

Les *serpules* forment d'ailleurs en grande partie ces tubes si communs qui revêtent la plupart des coquillages ou des corps plongés dans la mer, et qu'on nomme vulgairement *tuyaux de mer*. Leur animal, comme les *amphitrites*, est pourvu de branchies disposées en beaux panaches autour de la couche; mais ces panaches sont séparés par un véritable *opercule*, supporté sur une petite tige, membraneux, et se terminant en massue ou en entonnoir; d'autrefois, cet opercule est entièrement solide, mais toujours il sert à fermer l'ouverture du tube lorsque l'animal s'y est retiré. Du reste, leur organisation ne présente pas d'autres différences notables avec celle des animaux précédents.

LES DENTALES.

Ce n'est guère ici qu'un genre problématique, quant à la place qu'il doit occuper, et encore fort peu connu, puisqu'il ne l'est que d'après un dessin envoyé de l'Inde. Toujours est-il que ces animaux paraissent avoir une coquille en cône alongé en forme de dent ou de défense d'éléphant, ce qui leur a fait donner le nom de *dentales*. Un opercule ferme la coquille et rappelle le pied des *vermets*; vers leur tête se trouvent aussi des branchies qui les rapprochent des *amphitrites*, de telle façon que ce genre douteux semble établir un point de contact entre les mollusques et les annélides.

GÉNÉRALITÉS SUR LES ANNÉLIDES.

Autrefois, le groupe d'animaux que nous venons de décrire comme *classe*, sous le nom d'*annélides*, était confondu avec les *vers* qu'on appelait *intestinaux*, par opposition aux mollusques qu'on désignait sous le nom de *vers mollusques*. Plus tard, Lamarck commença à le séparer des vers intestinaux proprement dits, et tels qu'on en a vu l'histoire dans le premier volume de cet ouvrage, en lui donnant simplement le nom de *vers externes*; car, en effet, aucun de ceux-ci ne vit dans le corps d'autres animaux; leur séjour est constamment fixé dans l'eau douce ou dans les mers, à l'exception d'un petit nombre qui vit sur la terre.

Depuis que Cuvier a fait connaître l'organisation intérieure de ces mêmes *vers*, on a senti la nécessité d'en former une classe particulière, à cause de la perfection remarquable de leur structure comparativement à celle des *vers intestinaux*. Ils ont, pour la plupart, des organes respiratoires et digestifs très-distincts, comme on a pu le remarquer. Mais ce qui les élève surtout au-dessus de toutes les classes d'animaux dont il a déjà été question jusqu'ici, c'est la présence d'un système nerveux qui se rapproche davantage de celui des êtres plus parfaits, et qui consiste en un double cordon médullaire situé le long du corps, et semé de renflements ou ganglions quelquefois en nombre égal à celui des segments dont est formé l'animal. Pour la première fois aussi, nous voyons apparaître des vaisseaux qui contiennent du sang rouge, caractère bien remarquable et qui inspira à Cuvier l'idée de désigner ce groupe sous le nom de *vers à sang rouge*. Cependant Lamarck, jugeant nécessaire de les écarter considérablement des *vers* et de leur assigner définitivement un rang particulier, en forma une classe à part qu'il désigna dans ses cours par le nom d'*annélides*, nom qui leur est resté aujourd'hui.

Ce sont des *anneaux*, en effet, qui, par leur série continue, forment le corps des *annélides*, et le caractère le plus apparent et le plus remarquable de cette classe. Chacun de ces anneaux, sauf quelques légères différences de développement, est en tout semblable, au fond, à l'anneau qui le suit, et l'on serait tenté de croire que l'*annélide* est constituée en un individu par l'assemblage de plusieurs autres êtres qui, soudés bout à bout, se seraient comme fondus en un seul. Aussi, lorsque nous voyons, d'un côté, l'intestin formé d'une série de poches latérales qui se suivent en s'abouchant au milieu dans un canal commun, attester, en quelque sorte, leur origine multiple, de l'autre nous voyons leur nombre diminuer et ne plus être en rapport avec les segments du corps ou ne plus former même que quelques rides dans un canal unique, pour caractériser définitivement l'unité individuelle de l'être qui en résulte.

A l'extérieur, cette unité originelle de composition n'est pas moins démontrée au milieu du grand nombre de parties différentielles désignées par tous les naturalistes. Nous voyons une *tête*, souvent des *antennes* ou filets articulés qui la couronnent, des *tentacules*, une *trompe*, des *mâchoires*, des *branchies* et des *soies*; mais la tête n'est qu'une modification du premier et quelquefois aussi du second anneau; la trompe, lorsqu'elle existe, ne consiste qu'en un ou deux anneaux, comme nous l'avons déjà remarqué, et comme il est facile de s'en assurer dans les *néréïdes*. Sur cette forme première, annelée, viennent se localiser et s'organiser des appendices respiratoires plus ou moins apparents sur les côtés de chaque anneau. Souvent ce sont, comme dans les *sangsues*, de simples orifices dont l'usage est encore douteux; mais dans d'autres cas on voit surgir des filets branchiaux nombreux, très-diversifiés et vivement colorés par le sang qui les abreuve. Ce n'est pas tout encore : la saillie originairement branchiale, qui forme de chaque côté un pédicule, se divise bientôt en deux parts dans beaucoup d'espèces ; l'une , supérieure, conserve sa fonction primitive ou respiratoire, tandis que l'autre prend une destination nouvelle toute locomotrice , et donne naissance à des faisceaux de soies solides et capables de résister à l'effort que fait l'animal pour marcher. D'autres fois enfin , comme il résulte des travaux des modernes et particulièrement de M. de Blainville, ces mêmes appendices se modifient vers les segments antérieurs du corps, de manière à s'alonger en filets tentaculaires servant au tact et à la préhension , ou bien les faisceaux de soies se rapprochent et se soudent de manière à former ces corps durs qui servent de dents ou de mâchoires.

Si les *annélides* ont entr'elles, et même entre les diverses parties de leur corps, une grande analogie d'organisation, elles en ont aussi avec les *vers intestinaux* qui semblent n'être que leurs embryons permanents : c'est en quelque sorte la suite du plan commencé dans cette classe d'êtres. Elles ne sauraient s'éloigner complètement non plus des mollusques qu'elles rappellent parfaitement par cette transsudation calcaire de la surface de leur corps, qui les entoure d'une coquille en tuyau rappelant les *tarets*, les *siliquaires* et les *vermets*.

Malgré d'aussi grandes analogies entre les divers genres d'animaux qui composent la classe des *annélides*, il existe assez de caractères différentiels pour qu'on ait pu les grou-per par *ordres* et par *familles*, selon que les naturalistes ont attaché plus ou moins d'importance à tel ou tel point de leur organisation. M. Savigny établit deux grandes divisions seulement, celle des annélides pourvues de soies pour la locomotion, et celle des annélides qui en manquent et qui se réduit aux sangsues. Lamarck les groupe en trois ordres, selon qu'elles sont dépourvues de pieds et de soies, qu'elles ont des antennes sur la tête, ou qu'elles habitent des tubes. Enfin Cuvier forme trois ordres dans la classe des *annélides* : 1° celui des *abranches*, où il n'existe pas de branchies à l'extérieur, et dont les êtres semblent respirer, les uns, comme les lombrics, par la surface entière de leur peau, les autres, comme les sangsues, par des cavités intérieures ; 2° les *dorsibranches*, qui ont des branchies distribuées à peu près également le long de tout leur corps ou au moins de sa partie moyenne ; 3° enfin, les *tubicoles*, qui se forment un tube calcaire, homogène, résultant de leur transsudation, comme la coquille des mollusques, auquel cependant ils n'adhèrent point par des muscles, d'autres qui ne transsudent qu'une membrane cornée ou une matière gélatineuse à laquelle ils agglutinent des grains de sable et des fragments de coquilles.

Cette dernière division, bien qu'imparfaite encore et manquant d'unité dans son principe, est celle que nous avons adoptée, en changeant seulement l'ordre de quelques genres, et que nous présentons ici pour résumer en un seul coup d'œil la revue et la distribution du groupe des *annélides*.

Classe.	Ordres.	Genres.
ANNÉLIDES.	Abranches.	Sangsues. Naïdes. Lombrics.
	Dorsibranches.	Aphrodites. Palmyres. Néréides. Amphinomes. Arénicoles.
	Tubicoles.	Amphitrites. Serpules. Dentales.

CHAPITRE II.

CLASSE DES CIRRIPÈDES.

LES ANATIFES.

A voir les *anatifes* fixés sur les vieux bois, sur le fond des navires ou sur les rochers marins, on les prendrait aisément pour des amas de coquillages appartenant à quelques mollusques. Et en effet, on ne voit d'abord que deux valves assez semblables à celles d'une moule, attachées à un pédicule qui sert à fixer l'animal aux corps environnants, puis ordinairement, et du côté opposé au pédicule, deux autres pièces calcaires de même nature accompagnent les valves vers l'endroit où elles s'écartent et où se trouve l'ouverture de la coquille.

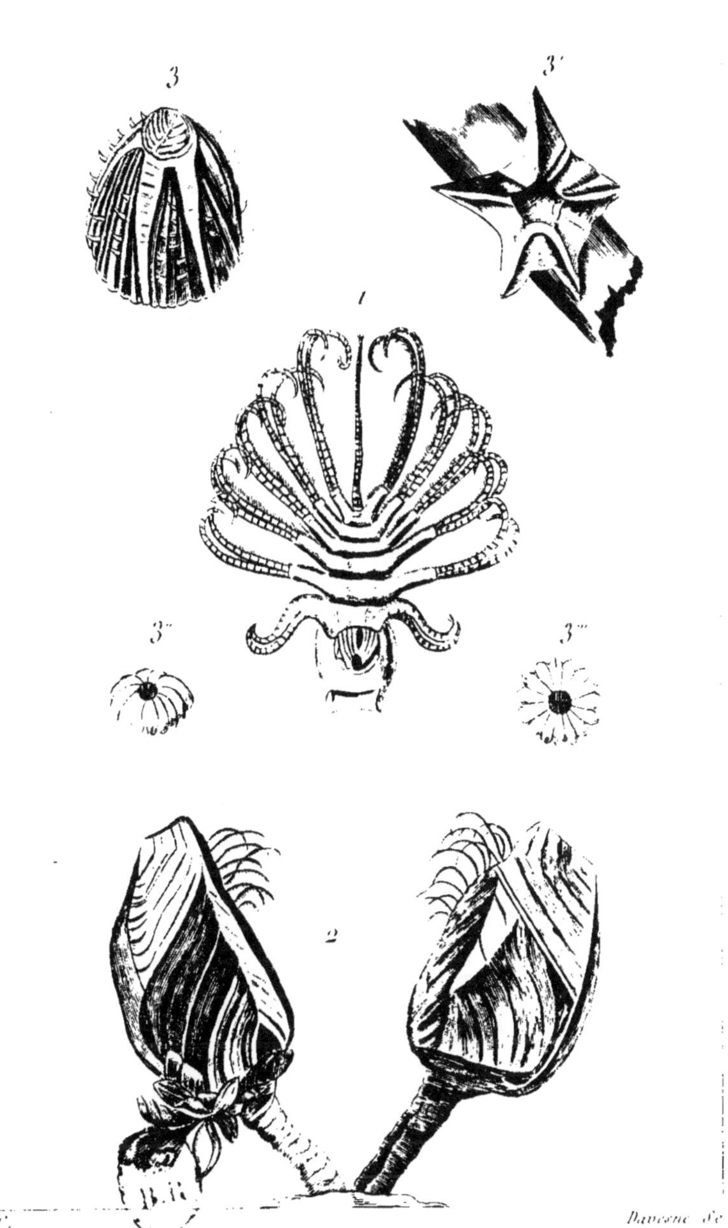

1. Anatife. 2. id. dans sa coquille. 3. 3. Balanes.

Enfin , une troisième pièce impaire vient clore le bord postérieur entre les deux valves principales, ce qui forme en tout cinq pièces calcaires soudées entre elles par un tissu particulier. Mais si l'on observe pendant quelques instants, on ne tarde point à voir les valves s'entrouvrir et montrer au dehors un animal bien différent de ceux que nous connaissons déjà sous le nom de mollusques. Des tentacules ou cirres un peu arqués , longs, et de substance cornée , garnis de soies d'un côté et semblables à des plumes jaunes transparentes et frisées s'avancent au-dehors. Ces cirres , quoique cornés , étant doués d'une sensation exquise du toucher, les *anatifes* les mettent sans cesse en mouvement pour palper tous les corps environnants et saisir , comme dans des filets, tous les petits animaux dont ils font leur pâture. Le pédicule est mobile aussi et fléchit en même temps de tous côtés au gré de l'animal.

Lorsqu'on vient à ouvrir entièrement l'enveloppe extérieure pour mieux examiner encore ce qu'elle renferme, on trouve d'abord , il est vrai, un *manteau* analogue à ceux des mollusques, ou plutôt une membrane transparente, mince, qui se porte vers le pédicule d'une part et s'étend de l'autre jusque sur les bords libres des valves : là elle adhère fortement pour se replier ensuite sur elle-même, et c'est cette seconde partie réfléchie qui enveloppe le corps et qui est le manteau proprement dit. Mais ensuite se présente le corps de l'*anatife*, enveloppé immédiatement d'une tunique membraneuse qui lui est propre et qui se continue même avec les cirres cornés; ce corps est coupé transversalement par plusieurs sillons, chacun des segments ou anneaux qu'ils séparent soutient de chaque côté un pied ou proéminence charnue garnie de soies, qui donne elle-même naissance à deux prolongements cornés, de forme aplatie, articulée un grand nombre de fois, dont nous avons déjà parlé et qu'on appelle *cirres*; ces pieds charnus sont au nombre de douze, six de chaque côté, et il y a par conséquent en tout douze paires de cirres. A la base de ces cirres, et du côté extérieur, se trouvent les branchies en forme de pyramides alongées, au milieu, et entre les deux derniers pieds, est un tube impair destiné à la reproduction.

Il est aisé de s'apercevoir déjà que nous sommes fort éloignés de l'organisation des mollusques et que cette segmentation du corps et ses appendices latéraux rappellent bien plus particulièrement le groupe des annélides;

mais cette présomption se confirme de plus
en plus lorsqu'on en vient à l'examen anato-
mique des parties intérieures de l'animal. Des
fibres musculaires divisées en autant de faisceaux qu'il y a de membres viennent s'attacher
aux pattes pour les mouvoir, un estomac
garni d'autant de petites poches qu'il y a de
pieds à la surface extérieure, un intestin
simple, une sorte de vaisseau dorsal, quelque
peu renflé, plutôt qu'un cœur ; et enfin, un
système nerveux, non point constitué par
quelques ganglions disséminés comme dans
les mollusques, mais par deux cordons mé-
dullaires noueux sont autant de caractères qui
appartiennent à la classe des annélides.

Ce n'est pas tout encore : la bouche de
l'*anatife* le distingue de tous les êtres dont il
a déjà été question pour le rapprocher des
classes voisines, dans un ordre plus élevé, et
particulièrement des *crustacés* dont l'histoire
va suivre ; elle est pourvue d'une lèvre supérieure, de mandibules, de trois paires de
mâchoires et d'une petite langue. Leur génération offre aussi des circonstances toutes
particulières : le pédicule dont nous avons déjà
parlé est rempli d'une énorme quantité d'œufs,
et comme il est fermé à l'extérieur par des fibres musculaires à l'époque de la reproduction,

il se contracte si fortement et devient si court que les œufs, pressés de toutes parts, sont obligés de venir jusque dans le manteau. Arrivés dans cette poche, ils sont fécondés par les organes spéciaux, aboutissant au tube impair situé entre les deux derniers pieds, puis ils sortent par groupes nombreux, se séparent au moyen de l'eau et se fixent sur les corps environnants, quelquefois sur le pédicule même de l'*anatife* mère. C'est là ce que nous apprennent les observations intéressantes récemment consignées dans un mémoire présenté à l'Académie par M. le docteur Martin Saint-Ange, qui a trouvé encore à jeter un nouveau jour sur un sujet déjà si bien éclairé par Cuvier.

La position de l'*anatife* dans sa coquille, lorsque le pédicule ne se contracte pas, est une situation renversée; la bouche de l'animal est en bas, près de l'origine du pédicule, tandis que l'extrémité postérieure du corps, avec tous ses pieds articulés, sort un peu plus haut par l'ouverture que laisse l'écartement des valves. Un fort muscle transverse réunit les deux premières valves, ou les plus grandes, près de leur sommet, au-devant de la bouche, et les rapproche vivement pour fermer la coquille lorsque l'animal s'y ramasse dans la crainte de quelque danger.

C'est ainsi que ces êtres vivent dans la mer attachés sur des pieux, sur des rochers ou sur d'autres corps submergés, par groupes semblables à des bouquets, ou quelquefois implantés les uns aux autres comme les branches et les rameaux d'un arbuste dont les extrémités seraient occupées par le renflement de la coquille : aussi, pendant les temps d'ignorance, ne manqua-t-on pas de les regarder comme des fruits qui croissent au bord de la mer et d'inventer des fables ridicules qu'adoptèrent la plupart des naturalistes anciens. Ce fruit, disait-on, parvenu à sa maturité, tombe dans l'eau et donne naissance à diverses espèces d'oies et de canards; le nom d'*anatifes* leur est resté comme pour attester cette ancienne tradition, car il est formé de deux mots latins dont l'un, *anas*, signifie canard et l'autre, *ferre*, porter, *concha anatifera*, c'est-à-dire *coquille qui porte un canard*. La macreuse ou l'oie, appelée bernache, était particulièrement l'oiseau auquel on attribuait cette origine ; aussi, une espèce d'*anatife* a-t-elle conservé encore en quelques lieux, et surtout en Bretagne, le nom de *bernache* ou de *bernacle*.

Il serait difficile de dire quelle a été la source d'une pareille croyance ; peut-être est-ce la ressemblance grossière des pièces de cette coquille avec un oiseau , ou bien la prédilection de ces animaux pour les lieux exposés au mouvement alternatif des marées ; pendant le retrait des eaux, leurs groupes nombreux ont quelque chose de l'aspect des troupes d'oiseaux aquatiques.

Tous ces animaux sont loin de présenter une uniformité complète de structure ; ils varient quelque peu dans leurs formes et donnent ainsi lieu à des diversités d'espèces ; Cuvier les range dans les quatre sous-genres suivants,

1° Les *pouce-pieds,* déjà ainsi nommés par les anciens. Outre les cinq valves principales, ils en ont plusieurs petites vers le pédicule, dont quelques-unes, dans certaines espèces , égalent presque les premières.

2° Les *cineras* , dont le manteau cartilagineux renferme cinq valves , mais très-petites et qui n'en occupent pas toute l'étendue.

3° Les *otions,* dont le manteau cartilagineux ne contient que deux très-petites valves avec trois petits grains , qui à peine méritent ce nom, et portent deux appendices tubuleux en forme d'oreilles.

4° Les *tétralasmis* qui n'ont que quatre

valves paires, entourant l'ouverture, dont deux plus longues ; l'animal est en partie contenu dans le pédicule qui est large et couvert de poils. Ce sont, en quelque sorte, des *balanes* sans tube.

LES BALANES.

Déjà les Grecs , ayant remarqué une ressemblance entre le fruit du chêne et la forme extérieure des animaux dont il s'agit ici, les appelaient, à cause de cela, βαλανοι , et le nom de *glands de mer* leur est resté encore de nos jours.

Ce sont de petits coquillages de forme conique , dont les divers pans, qui constituent la coquille, se soudent en bas en un tube et s'écartent en haut en se terminant en pointe. A cet endroit, la coquille se ferme au moyen de plusieurs autres petites pièces qui servent d'opercule et que l'animal peut rapprocher à son gré. Ce cône se distingue en ce qu'il est privé de pédicule et que sa base s'attache immédiatement sur les différents corps.

Le corps proprement dit des *balanes* ressemble parfaitement à celui des *anatifes* ; ce sont les mêmes pieds et en même nombre, la même bouche, le même tube terminal ; mais il y a une grande différence dans les branchies qui sont en forme de deux ailes frangées attachées à la face interne du manteau. Le manteau est tubuleux, doublant de toutes parts le tube calcaire de la coquille, portant dans sa partie antérieure les petites valves mobiles ordinairement au nombre de quatre et fendues entre elles pour laisser passer les pieds et le tube de l'animal.

Ce groupe est extrêmement nombreux et a été divisé non seulement en un grand nombre d'espèces, mais en plusieurs genres par beaucoup de naturalistes que de plus grands détails doivent intéresser; nous ne chercherons point à les faire connaître, nous nous bornerons à ajouter ici que ces animaux, comme les précédents, vivent en masses considérables, superposés les uns aux autres, s'attachant aux bois, aux pierres, aux polypiers, aux plantes marines, aux coquilles, sur les crustacés, sur les écailles des tortues, sur la peau même des cachalots et des baleines. Malgré leur petitesse, les anciens les recherchaient comme aliment, et en quelques endroits on les mange encore aujourd'hui.

GÉNÉRALITÉS SUR LES CIRRIPÈDES.

Si les *anatifes* et les *balanes*, malgré une dissemblance plus apparente que réelle au fond, puisque leur animal est le même, ont entre eux les plus grands rapports, et s'ils ont été réunis en une seule classe, sous le nom de *cirripèdes*, à cause des *cirres* qui terminent leurs pieds, d'un autre côté, ils offrent ce caractère singulier, de s'isoler des autres groupes d'animaux, auprès desquels on pourrait tenter quelques rapprochements, tout en rappelant cependant quelques-uns des points de leur structure.

Jusqu'à présent il a été impossible aux naturalistes de méconnaître les articulations, les véritables segmentations de leur corps, et de les éloigner des animaux dits *articulés;* mais aussi la présence de leur coquille les a fait constamment rejeter vers les mollusques, avec cette condition néanmoins qu'ils seraient l'intermédiaire, et comme le passage des uns aux autres.

Les premiers conchyliologistes rapprochaient des *anatifes* et des *balanes* les *pholades* et même les *oursins*, pour en former un seul groupe sous le nom de *multivalves*. Il est facile de voir que rien n'était moins naturel que cette réunion, fondée uniquement sur une multiplicité de valves à la coquille. Linné conserva même encore à peu près ce groupe, en y joignant les *oscabrions*; Lamarck forma des *cirripèdes* une classe distincte, avec les *anatifes* et les *balanes*, dont nous venons de parler; il la plaça entre les mollusques et les *crustacés*, dont nous allons nous entretenir, et dont on peut se faire d'avance une idée par l'écrevisse et le crabe. Cuvier, à qui nous devons une anatomie remarquable de ces animaux, en forme une classe de mollusques, à cause de leur manteau et de leurs bras, et il la place à côté de celle des *brachiopodes*.

Cependant, dit Lamarck, des animaux qui ont une moëlle longitudinale noueuse, des bras ou cirres articulés, à peau cornée, et plusieurs paires de mâchoires qui se meuvent transversalement, ne sont assurément pas des mollusques. Cuvier sent aussi toute la distance qui doit exister entre les véritables mollusques et les animaux dont il s'agit ici : « Nous voici arrivés, dit-il, à des animaux bien différents de tous les mollusques dont nous avons parlé jusqu'à présent ; des membres cornés, articulés en quelque sorte, nombreux, susceptibles de mouvements variés, une bouche garnie de lèvres et de mâchoires, un système nerveux formé d'une suite de ganglions, tout annonce que la nature va nous conduire à l'embranchement des articulés ; il n'y aurait même rien d'étonnant que bien des naturalistes ne pensassent que les *cirropodes* appartiennent déjà à cet embranchement, et nous ne blâmerons point ceux qui croiront devoir les y ranger.»

Il reste donc bien établi que la classe qui nous occupe n'appartient point à l'embranchement des mollusques, mais bien à celui des animaux articulés, qui font la matière de ce second volume.

Si l'on se rappelle maintenant ce qui a été dit à l'occasion de la structure intérieure dn corps de l'*analife*, la présence d'un simple vaisseau dorsal au lieu de cœur, l'estomac garni de poches, les appendices ou pieds latéraux terminés par des cirres, le double cordon nerveux ; on ne sera point étonné de

trouver ici les *cirripèdes* à la suite des *annélides*, comme l'ont établi déjà beaucoup de
naturalistes, et récemment encore le Mémoire
de M. Martin Saint-Ange, que nous avons
déjà cité.

Nous avons beaucoup insisté, sans doute,
sur des détails purement anatomiques à l'é-
gard d'un groupe peu étendu, et en apparence peu important ; mais il peut y avoir ici
plus d'intérêt qu'on ne le suppose, lorsqu'il
s'agit d'êtres dont l'origine semble appartenir
à la triple essence de trois grands types, les
plus remarquables, d'animaux des classes inférieures, des coquillages, des vers, et des
insectes. Là est peut-être aussi la clé, qui peut
faire découvrir la source commune de formes
si dissemblables. Des faits ultérieurs viendront
inévitablement éclairer encore ce point d'une
scène féconde en enseignements et en curieuses métamorphoses ; déjà Tomson, en
1830, fit voir que ces *anatifes*, que l'on
croyait enchaînés au sol, du jour de leur
naissance, avaient vécu libres et flottants à
leur gré au commencement de leur vie ; alors
ils avaient des yeux capables de les conduire,
des organes du mouvement pour exécuter
leurs volontés, et ils pouvaient se livrer à des
migrations plus ou moins lointaines ; mais,

hélas! une fois fixés, semblables à ceux que l'aiguillon du besoin ne stimule plus, ou aux êtres soumis à l'impuissance de la captivité, leurs sens s'éteignent, leurs facultés s'évanouissent, et ils tombent dans une dégradation q ui lesplace aux plus basses conditions de leur existence.

CHAPITRE III.

CLASSE DES CRUSTACÉS.

§ 1. — *Décapodes.*

LES CRABES.

La forme d'un disque, aminci sur les bords et plus ou moins bombé dans le milieu, est ce que présente le crabe au premier aspect. Ce disque est formé d'une croûte plus ou moins dure et plus ou moins épaisse qui enveloppe les organes intérieurs de l'animal ; c'est un inévitable *têt* ou *test*, qui se divise en deux parties, l'une supérieure, qu'on ap-

3.

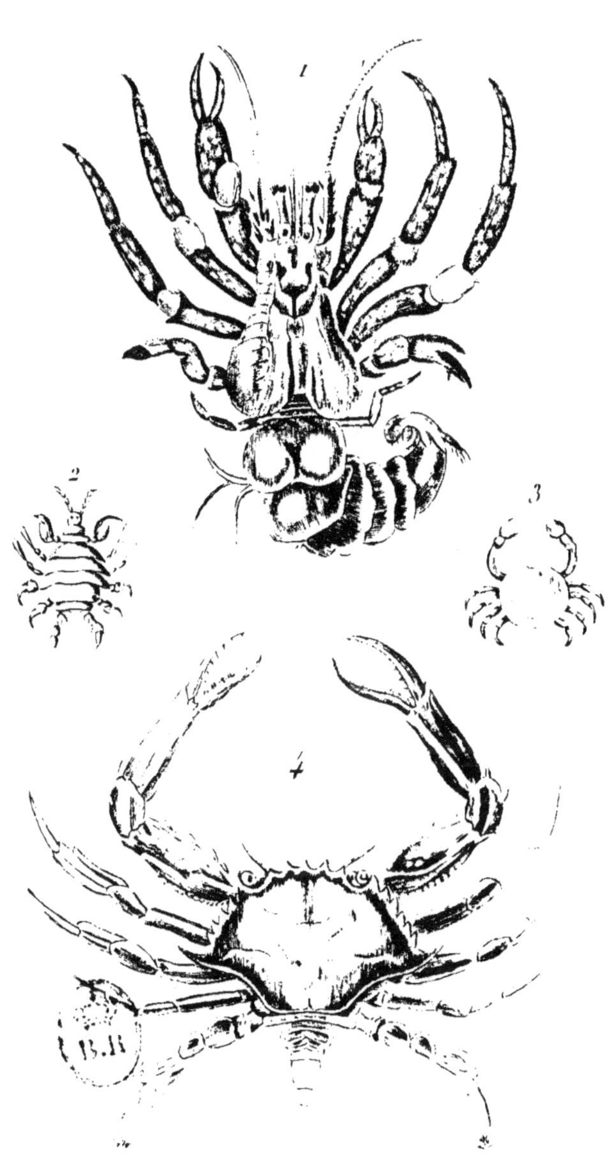

1. Ermite. 2 Cyame. 3. Pinnothère. 4 Portune.

pelle aussi quelquefois *carapace*, qui couvre le dos et qui se termine par une queue segmentée, aplatie, terminée en pointe et repliée en dessous; celle du mâle se distingue de celle de la femelle en ce qu'elle n'a que cinq segments, tandis que l'autre en a sept. La portion inférieure du test donne naissance, de chaque côté, à cinq pattes, qui servent à l'animal à marcher, soit en avant ou en arrière, soit à droite ou à gauche. Ces pattes sont coupées d'articulations très-flexibles, et les deux premières sont plus grandes que les autres et terminées en forme de pince. Enfin, il suffira d'ajouter, pour donner une idée générale du *crabe*, que le test supérieur est plus ou moins dentelé le long de la courbe antérieure, et que là, s'attachent quatre petits filets articulés, plus ou moins longs, qui vont en s'amincissant, que l'on nomme les *antennes*, et que tout près sont deux petites cavités, dans chacune desquelles est un œil, porté sur un pédicule qui part du fond de la cavité.

On sent bien que chacun de ces éléments varie considérablement, en proportion et par son aspect, dans la nombreuse famille des êtres qui nous occupent; aussi, les naturalistes diffèrent-ils beaucoup dans la distinction des genres et des espèces à admettre. Linné établit, sous la même dénomination, un genre très nombreux , qui fut divisé par la suite de telle sorte qu'il se trouva considérablement réduit. Malgré cela, ce genre est encore un des plus beaux et des plus nombreux en espèces parmi les crustacés.

Mais si l'aspect de ces animaux est singulièrement remarquable, leur organisation intérieure ne l'est pas moins. Il n'est pas , non-seulement de crustacé, mais d'animal connu, dont la bouche présente un appareil aussi compliqué ; celui-ci se compose de six paires de pièces, se recouvrant mutuellement , dont les plus intérieures sont de simples feuillets cartilagineux ; les plus extérieures sont plus épaisses, dures et tout-à-fait calcaires. Plus loin est un estomac , soutenu par des parois cartilagineuses, armé à l'intérieur de cinq pièces osseuses et dentelées , qui achèvent de broyer les aliments ; vers la fin du printemps on y voit deux corps calcaires , ronds, convexes d'un côté et planes de l'autre , qu'on appelle vulgairement *yeux d'écrevisse,* et qui disparaissent plus tard. Le reste du canal alimentaire est droit, et va s'ouvrir au milieu de la queue. Un foie considérable est situé sur les côtés. Le cœur est bien marqué, de forme ovale ; il donne naissance à six vaisseaux

» qui se répandent dans les diverses parties du
» corps pour les nourrir ; puis un second ordre
» de vaisseaux, le système veineux, reprend le
» sang qui a perdu ses qualités nutritives, le
» ramène aux branchies pour l'exposer au
» contact de l'air, et de là dans le cœur
» pour être distribué de nouveau dans tout le
» corps. Les organes respiratoires sont cette
» série de petits corps pyramidaux, assez sem-
» blables à des étoupes, que l'on remarque en
soulevant la carapace, et entre la rainure qui
la sépare du test inférieur, qui donne attache
aux pattes, et que l'on désigne sous le nom de
poitrine ou *thorax*. L'eau pénètre par cette
même rainure pour abreuver les branchies
de l'air qu'elle tient en dissolution. Enfin,
bien qu'ici on ne trouve pas de tête distincte,
et que le corps tout entier semble ramassé
dans la cavité de la poitrine, vers la partie
antérieure et au milieu on trouve un petit
cerveau partagé en quatre lobes dont les mi-
toyens fournissent chacun, de leur bord antérieur, le nerf optique, qui se porte directement à l'œil, d'autres se rendent aux antennes; deux cordons, partant du côté postérieur, embrassent l'entrée du tube digestif
pour aller former ensuite quelques ganglions
qui donnent des nerfs aux parties voisines.

Les pattes sont, chez les *crabes*, les seuls organes du mouvement, mais elles sont douées d'une action puissante; ce sont des étuis solides, articulés par des jointures de distance en distance; chacune de ces articulations est pourvue de deux muscles qui, situés dans l'intérieur des étuis, et agissant dans des directions différentes, étendent ou fléchissent alternativement le membre. Les divers segments dont ces pattes sont formées ont reçu des naturalistes les noms suivants: le premier, à partir de la poitrine, est la *hanche*; le second, la *cuisse*; le troisième, la *jambe*, et enfin le quatrième et dernier, le *tarse*. Ainsi, les muscles qui meuvent les derniers tronçons, ont leur point d'attache dans ceux qui précèdent successivement, de telle sorte qu'enfin les muscles qui meuvent la hanche sont logés dans l'intérieur de la poitrine, et attachés sur la lame cornée qui soutient les branchies.

Les crabes paraissent être doués, bien positivement, du sens de la vue, puisqu'ils ont des yeux composés, c'est-à-dire formés chacun d'un faisceau de petits filets nerveux qui viennent aboutir sous autant de facettes taillées sur la partie transparente et sphérique de l'œil; ils doivent jouir du sens du goût et de l'odorat, puisqu'ils sont attirés vers les lieux où se trouvent quelques animaux morts et en putréfaction. Quant à celui du toucher, leur enveloppe crustacée ne permet pas de le supposer, à moins que ce ne soit à leurs antennes seulement; quelques naturalistes ont bien voulu placer à la base de ces organes un sens de l'ouïe, mais tout porte à croire que c'est une pure supposition. .

Ces animaux ont des sexes distincts et séparés : les uns sont mâles et les autres femelles. Ces dernières ont une queue plus large, moins triangulaire que celle des mâles, et au dessous de cette même queue, qui est ordinairement reçue, chez les uns comme chez les autres, dans une échancrure située sur la poitrine, on voit dans la femelle quatre paires de doubles filets velus, qui retiennent pendant un certain temps les œufs après la ponte. Chez les mâles, plusieurs de ces filets existent, mais dans un état tout-à-fait rudimentaire.

Le crabe possède, comme tous les animaux des ordres inférieurs, la faculté de reproduire les membres qu'il a perdus. C'est une circonstance qui est attestée par l'inégalité que l'on trouve souvent entre les pattes et surtout entre les pinces dans un même animal. On trouve dans les *Transactions philosophiques* l'épreuve qu'en a faite Collinson, et que nous rapportons ici : « Il n'y a qu'à renverser le crabe sur le dos, et, avec une forte pince de fer, écraser l'écaille et meurtrir la chair de la troisième ou quatrième jointure d'une de ses pattes. Après avoir reçu cette blessure, il donne des signes de douleur en portant sa patte de côté et d'autre ; la partie saigne , mais après cela il la tient en repos, dans une position droite et naturelle, sans qu'elle touche à aucune autre partie de son corps ni de ses autres jambes ; ensuite , tout-à-coup , avec un petit craquement, la partie se détache du reste à la seconde jointure. Il en est de même des grosses pattes. Lorsque la partie est séparée , il sort de la jointure une mucosité qui arrête à l'instant l'hémorrhagie, et qui , se durcissant et augmentant par degrés, forme une nouvelle patte qui ressemble et supplée parfaitement à la première. »

Mais un des phénomènes les plus curieux à observer chez ces animaux, est celui de leur *mue*, ou du changement de leur enveloppe, qui a lieu tous les ans. A cette époque, qui est pour eux celle d'une grave maladie, les *crabes* sont tristes et faibles ; ils cherchent la solitude, et se retirent dans les creux des rochers pour y déposer leur dépouille. En ce moment, le dessus de leur carapace s'ouvre par une fente longitudinale, se détache, et l'animal s'en sépare peu à peu ; bientôt après le thorax se détache aussi, et enfin les pieds jettent également leurs gaines. Une peau molle, semblable à du parchemin mouillé, couvre alors tout le corps, et l'animal est si perclus, qu'il reste pendant quelque temps couché sans mouvement, jusqu'à ce qu'il ait recouvré assez de forces pour supporter le poids de son corps, et que son test nouveau soit assez dur pour lui permettre de remplir ses fonctions habituelles sans courir le risque de se blesser. Une nouvelle enveloppe ne tarde pas à se réorganiser, et en même temps les deux concrétions calcaires, dont nous avons déjà parlé et qui existent à cette époque dans l'estomac, diminuent peu à peu et finissent par disparaître, comme si elles eussent été un simple dépôt provisoire de la matière destinée à former la nouvelle armure de l'animal.

Tout ce que nous avons dit jusqu'ici peut bien donner une idée générale des *crabes* ; mais il s'en faut de beaucoup que cela fasse connaître l'infinie variété qui règne dans la structure des diverses sortes d'animaux qui présentent ces caractères et qu'on peut réunir sous cette dénomination. Leurs mœurs, quoique ayant les plus grands rapports, varient également selon la forme et le lieu d'habitation, de telle sorte que les naturalistes ont cru devoir subdiviser le groupe des *crabes* en des genres et des sous-genres assez nombreux, dont nous indiquerons les principaux seulement.

Certaines espèces habitent les antres des rochers de la côte, d'autres le sable de la plage ou les herbes marines qui leur servent de pâturage. Quelques-unes composent ces *crabes* nageurs, qui s'éloignent beaucoup du rivage et gagnent souvent la haute mer. Il en est qui vivent dans l'eau douce des rivières, d'autres enfin qui viennent sur la terre respirer l'air élastique avec leurs branchies.

On conçoit quelle diversité de formes coïncide avec ces différences dans les habitudes. La coupe de la cuirasse qui protège le dos est loin d'avoir toujours une disposition circulaire ; elle est plus ou moins arquée, étendue d'avant en arrière ou d'un côté à l'autre ; souvent elle a la forme d'un trapèze, celle d'un triangle ou d'un quadrilatère. Les pattes varient aussi dans leur configuration ; dans les crabes nageurs elles s'aplatissent vers leurs derniers articles, de manière à former une rame. Les antennes n'ont pas toujours la même forme ni la même longueur. La première paire de pattes, ou les pinces, a des formes très-variables : elle est dentelée, quelquefois en forme de crête, et plus ou moins développée en volume et en longueur. Enfin, toute la surface du *crabe* peut être lisse, plus ou moins rugueuse ou couverte de poils.

Multiplier les divisions et embarrasser la nomenclature, serait loin de convenir dans cet ouvrage, à l'occasion surtout d'animaux au fond si semblables. « Ici, comme ailleurs, dit Lamarck à l'occasion des divisions de ce groupe, un excès serait un tort, et nuisible à la science ». Nous nous contenterons donc, pour terminer cet article, de faire connaître les mœurs diverses des *crabes* à mesure que nous indiquerons quelques-unes des distinctions principales que les naturalistes ont établies parmi ces animaux. On peut les classer d'après leurs formes ainsi qu'il suit :

1° Crabes à carapace arquée.

Le crabe proprement dit a le test transverse, bien *arqué* antérieurement ; ses dix pattes sont terminées en pointes, les deux antérieures, plus grandes, portent une pince à l'extrémité. Les premières pièces des mâchoires sont carrées, les antennes ne dépassent guère le front. On rattache à ce groupe comme espèce, le *tourteau*, ou *crabe-poupart*, connu sur nos tables par ses dimensions, qui peuvent atteindre jusqu'à un pied de largeur, et par son poids, qui va jusqu'à cinq livres. Son test est roussâtre, large, plane, presque lisse en dessus, avec neuf festons à chaque bord latéral et trois dents au front. Ses serres sont grosses, unies avec les *doigts* qui forment la pince noirs et garnis intérieurement de tubercules mousses. Ce *crabe*, dont la chair est estimée, est commun sur les côtes de France, de l'Océan, et moins abondant dans la Méditerrannée.

2º Crabes à pieds en nageoire.

L'*étrille* ou *portune* a une forme qui est presque la même que celle des crabes, elle est couverte d'un duvet jaunâtre, l'extrémité de sa dernière paire de pattes est aplati en nageoire. Les serres ont une longueur remarquable, le double presque de celle du test. L'*étrille commune* est l'espèce la plus répandue, elle porte particulièrement le nom d'étrille tout court, sa chair est très-délicate. On distingue aussi la *petite étrille*, dont le test est tout ridé , avec trois dents égales , presqu'en forme de lobes au front. Les trois dents postérieures des bords latéraux sont très aiguës , en forme d'épines. Enfin , le *crabe commun* de nos côtes, qui ressemble beaucoup aux *portumes* , et que l'on connaît vulgairement sous le nom de crabe *enragé* ; il a le dessus du test dépourvu de poils, finement chagriné, avec des lignes enfoncées, profondes, et les tarses également sillonnés. Ces animaux vivent tous dans la mer ; ils choisissent plus particulièrement les endroits où ils peuvent mieux se garantir de l'impétuosité des vagues et des recherches de leurs ennemis ; ils se cachent pour cela dans les fentes des rochers qui sont près des côtes. Lorsque la mer monte, et surtout pendant la nuit, ils gagnent les rivages afin de se saisir des animaux marins que les flots ont poussés contre les rochers, et qui ont été tués ou blessés, pour en faire leur nourriture. Ne pouvant guère bien nager et ne marchant pas fort vite , ils restent souvent à sec ; s'ils ne peuvent se retirer dans quelque trou, ils se contractent et se blotissent dans un coin, en attendant le retour de la marée pour gagner la haute mer. Ce sont principalement ceux qui sont ainsi délaissés par les eaux que les pêcheurs ramassent, car ils mordent peu aux appâts et sont rarement pris dans les filets. Dans les îles de l'Amérique et de l'Inde, où le fond de la mer se voit à travers l'eau, dans les temps calmes, on les harponne avec une longue perche à laquelle est enmanchée une fourche de fer. Dans d'autres endroits, comme à la Nouvelle-Hollande, on plonge pour les avoir. Ceux que l'on trouve sur nos côtes de France sont peu recherchés, car leur test est si dur et leur chair si mauvaise que les plus pauvres gens les dédaignent.

5⁰ Crabes à carapace quadrilatère.

Le crabe fluviatile, que Latreille désigne sous le nom de *théléphuse*, est très commun dans plusieurs ruisseaux et dans divers lacs des cratères du midi de l'Italie. Il a deux pouces de diamètre en tout sens, il est grisâtre, lisse, avec quelques rides incisées, le front est transverse et sans dentelures, les doigts sont longs, les pinces ont des aspérités avec une tache roussâtre. Rondelet, en parlant de cet animal, qu'il nomme *cancre de rivière*, dit qu'on ne le trouve ni en France ni en Allemagne ; mais qu'il est commun en Grèce, en Italie, en Sicile et dans le Nil. Selon ce même auteur, sa chair est fort douce et fort agréable, ce qui le faisait beaucoup rechercher à Rome pour les tables des Papes et des cardinaux. Quelques personnes, ajoute-t-il, les font mourir dans le lait pour les rendre plus doux. Ces crabes vivent dans la vase où ils se cachent, mais on les met à découvert en faisant écouler l'eau dans une fosse que l'on pratique exprès. Il paraît qu'on les employait autrefois comme moyen médical contre la morsure des animaux enragés ; on les faisait brûler vivants sur un plat d'étain et on conservait leurs cendres pour cet usage. Aujourd'hui, les moines grecs mangent cet animal cru, et il est encore, pendant le carème, l'un des aliments des Italiens.

Les crabes de terre, désignés autrefois sous le nom de *cavaliers* ou de *crabes coureurs* et aujourd'hui sous le nom d'*ocypodes* par les naturalistes, sont, comme l'indiquent ces différentes dénominations, des crabes qui habitent les terres voisines des rivages, et dont l'agilité est si grande, que le meilleur piéton ne saurait les atteindre, et qu'un cavalier même, assure-t-on, ne saurait égaler la vélocité de leur course. Aucune de ces espèces n'habite nos contrées. Leurs caractères sont : une carapace presque carrée, des yeux placés sur des pédicules très-longs, des antennes très-apparentes, les extérieures très-petites, un peu arquées en dehors, les internes contiguës aux externes, un peu plus longues que celles-ci ; le troisième feuillet de la mâchoire en forme de trapèze, presque aussi long que large ; des pinces grandes et inégales en grosseur ; la différence qui existe entre elles est même quelquefois énorme. Enfin, leurs autres pattes sont semblables, pour la forme et pour le nombre, à celles des crabes proprement dits.

Tous ces animaux se trouvent généralement dans les pays chauds de l'Europe, de l'Asie, de l'Afrique et de l'Amérique. Ils vivent près des côtes dans des trous ou des terriers comme ceux des lapins, qu'ils se creusent dans le sable et où ils se tiennent renfermés pendant le jour. Ce n'est qu'après le coucher du soleil qu'ils se montrent et qu'ils viennent par troupes nombreuses se répandre sur la plage, pour y butiner et disputer aux oiseaux de proie des lambeaux de cadavres dont ils sont extrêmement avides. Comme tous les animaux carnassiers, il ne sont pas dépourvus de courage, et si la présence de quelque homme ou de quelque animal vient troubler leur tranquillité, aussitôt ils redressent leur grosse pince, la présentent en avant comme pour défier au combat et ne s'éloignent qu'en conservant toujours la même attitude. Malgré cela, ils sont souvent la victime des oiseaux, des tortues ou des alligators, qui viennent leur livrer bataille; malgré la dévastation que ces animaux font au milieu d'eux, leur multiplication est si considérable, que leur nombre ne parait pas sensiblement diminué.

Parmi les *crabes de terre*, on remarque l'espèce appelée *tourlourou*, dont la forme est celle d'un cœur un peu renflé et dont les yeux sont attachés aux extrémités latérales de la carapace. Comme les autres, ils sont carnassiers, et jouissent d'une grande agilité; ils saisissent souvent le gibier tué par les chasseurs, et l'emportent dans leur terrier; il y en a même qui vivent constamment dans les cimetières, et qui ne viennent à la mer qu'à l'époque de la ponte. Il en existe une autre espèce dans la Caroline du Sud qui porte le nom de *crabe blanche* et dont la carapace est blanchâtre en effet. Celle-ci se tient aussi au bord de la mer et au pied des arbres sous lesquels elle creuse de préférence ses terriers; là, ces animaux vivent ayant toujours la moitié du corps dans l'eau ; c'est une des plus grosses espèces, une de ses pinces seulement peut égaler le volume d'un œuf.

Tous les *crabes de terre* passent l'hiver au fond de leurs trous, qui se bouchent presque toujours, de sorte que ces animaux sont obligés de les rouvrir au printemps lorsque la chaleur et la lumière viennent les solliciter à sortir.

Le *grapse* ou le *crabe peint* a été distingué par Lamarck des autres crabes. Sa carapace a la forme bien carrée, elle est aplatie et ornée souvent de couleurs très-vives, principalement de rouge. Les bras sont courts, les pattes sont comprimées, larges, et l'animal les porte, à ce qu'il paraît, toujours étendues, tandis que les crabes les retirent ordinairement sous leur corps. Les derniers segments des pattes sont épineux sur un de leurs côtés.

Ces animaux vivent dans les Antilles, ils habitent les bords de la mer où ils se tiennent cachés, pendant le jour, sous les pierres. Quelques-uns même, à ce qu'on dit, grim-

pent sur les arbres du rivage , et se retirent
sous leur écorce , d'autres vivent plus loin
dans l'intérieur des terres. Une des phases
de leur vie la plus curieuse à observer, est
celle où ils se rendent à la mer , pour la reproduction , vers le mois d'avril ou de mai.
L'auteur de l'*Histoire naturelle des îles Antilles* , en rend compte de la manière suivante :
« Ces crabes ont cet instinct naturel d'aller
tous les ans, environ vers le mois de mai, en
la saison des pluies, au bord de la mer, se laver et secouer leurs œufs pour perpétuer leur
espèce , ce qu'ils font en cette sorte : ils
descendent des montagnes en si grandes troupes, que les chemins et les bois en sont tout
couverts, et ils ont cette adresse merveilleuse de prendre leur route vers la partie de
l'île où il y a des amas de sable et des descen-
tes, d'où ils peuvent commodément aborder la mer. Les habitants en sont alors in-
commodés , parcequ'ils remplissent leurs
jardins, et qu'avec leurs mordants ils cou-
pent les pois et les jeunes plantes de tabac.
On dira t, à voir l'ordre qu'ils gardent en
cette descen e , que ce soit une armée qui
marche en bataille. Ils ne rompent jamais
leurs rangs , et quoiqu'ils rencontrent en
chemin , maisons, montagnes, rochers, ou

autres obstacles, ils s'efforcent de monter dessus, afin d'aller constamment en ligne droite. Ils font halte deux fois le jour, pendant la plus grande chaleur, tant pour se repaître que pour se reposer un peu ; mais ils font plus de chemin de nuit que de jour, jusqu'à ce qu'enfin ils soient arrivés au bord de la mer. »

C'est là que ces crabes déposent ensuite leurs œufs qui éclosent au soleil d'été ; puis ils retournent dans leur terrier, en conservant le même ordre que pour venir ; ils s'y enferment, et n'en sortent plus qu'après s'être dépouillés de leur enveloppe.

On en trouve quelques espèces fort petites dans la Méditerrannée.

Le *pinnothère* est un crabe fort petit, que l'on trouve fréquemment, et particulièrement en automne, dans diverses coquilles bivalves, telles que celles des *moules* et des *jambonneaux*. Leur forme est assez bombée et presque globuleuse, se rétrécissant un peu en pointe en avant. Leurs antennes sont courtes. Nous nous abstiendrons de rappeler ici les fables qui avaient été inventées dès la plus haute antiquité au sujet de ces animaux, de leur association et de leur alliance offensive et défensive avec le propriétaire de la coquille dans laquelle ils viennent établir leur domicile. Tout ce que nous pouvons dire, c'est qu'il est à présumer que ces petits crustacés trouvent un abri convenable sous les valves où ils se retirent, que le partage de la nourriture de leur commensal leur suffit, qu'ils sont là comme dans une sorte de petite embarcation dans laquelle ils trouvent nourriture et sûreté, et que leur petitesse ne les rendant pas incommodes, tout explique parfaitement leur singulier séjour.

4⁰ Crabes à carapace orbiculaire.

Les *leucosies* ont la carapace presque globuleuse et entièrement ovoïde, toujours d'une consistance très dure et pierreuse, très souvent du poli le plus brillant. Leurs yeux sont petits et rapprochés. Les bras et les pattes ont la forme qu'ont ordinairement ces organes dans les crabes ; on en voit quelquefois cependant qui ont les bras très-longs ; leur queue est très-longue aussi. Ces crustacés sont d'ailleurs peu connus ; d'après ce qu'en dit Bosc, il paraîtrait qu'ils ne peuvent pas nager, qu'ils se tiennent au fond de la mer et qu'ils sont souvent jetés par les flots sur le rivage. Lorsqu'ils craignent quelque danger, ils se contentent de ramasser leurs pattes entre leur corps en attendant qu'il soit passé , bien différents en cela des *crabes de terre* dont nous avons vu l'audace et l'irascibilité.

5° Crabes à carapace triangulaire.

L'araignée de mer présente des variétés de structure qui ont porté les naturalistes modernes à l'établissement de genres différents , sous les noms de *macrope* , *mégalope* , *inachus* , etc. Nous nous contenterons, pour en donner une idée , de citer la description fournie par Rondelet , faisant mention de celle qu'il observait dans la Méditerrannée : « Les yeux, dit-il, lui sortent fort au dehors, d'entre lesquels lui naissent deux petites cornes. Elle a deux bras fourchus fort longs , huit pieds fort longs pour la petitesse du corps : c'est ce qui lui a fait donner le nom qu'elle porte; car elle est comme l'araignée de terre, qui a un corps petit et des jambes fort longues. Celle de la mer a le corps transparent. » On a surtout séparé de ce groupe comme genre, le *maïa*, qui conserve encore dans nos provinces méridionales le nom d'*araignée de mer* , celui d'*esquignado* en Provence , et de *squinado* dans quelques auteurs. Son test est si inégal , qu'il trompe ses ennemis , car on le confondrait facilement avec les pierres et les rochers vaseux au milieu desquels il vit. Les anciens , à qui l'on doit la dénomination de *maïas* , avaient une certaine vénération pour ces crustacés dont ils gravaient la figure sur quelques-unes de leurs médailles. Ils les regardaient comme le modèle de la sagesse et leur attribuaient une grande sensibilité pour les charmes de la musique ; ils étaient en conséquence suspendus comme emblême au cou de Diane d'Éphèse. Ces animaux sont très-communs sur nos côtes de la Méditerrannée , où quelques-uns atteignent de grandes dimensions et sont recherchés comme un aliment agréable.

A tant de nuances de formes parmi les *crabe*s, se lient autant de différences d'habitudes et de mœurs. Mais au fond de tant de dissemblances , on voit régner une analogie telle, entre tous ces animaux à forme ramassée , à marche latérale et à instinct carnassier, si on les compare surtout aux *cirripèdes* qui les avoisinent d'un côté, ou aux *écrevisses* qui suivent de l'autre, qu'il est im-

possible de n'être pas tentés de les laisser
unis dans la pensée, sous la dénomination
générique de *crabes*.

LES ÉCREVISSES.

Nous passons ici à une forme bien connue,
et bien différente de celle des êtres précédents. La carapace, loin d'être étalée en bouclier, présente une forme cylindrique et
prend le nom particulier de *corselet*. **La**
tête commence à n'être plus entièrement confondue avec ce corsage ou *thorax*, comme
dans les *crabes* ; sans être entièrement indé-
pendante, elle en est séparée par une rainure. Cette partie a été appelée quelquefois
le *casque* ; elle se prolonge en avant comme
une sorte de museau ou de bec. Immédiatement au-dessous de cette pointe avancée, on
voit, de chaque côté, deux *antennes* déliées,
attachées à une tige commune, beaucoup plus
grosse, divisée en trois articles garnis de
longs poils qni y forment de grosses touffes.
Plus en dehors, se trouve encore un pédicule
plus gros, composé aussi de trois articles, et
qui donne naissance aux véritables *antennes*
plus volumineuses que les précédentes et éga-

lant au moins la totalité de l'animal en longueur. Les yeux sont placés de chaque côté du bec, à l'extrémité d'un pédicule qui peut les porter en tous sens et les faire rentrer ou sortir à volonté. Les parties de la bouche ne diffèrent de celles des autres crustacés que par quelques particularités de forme, et non par l'existence ou l'absence de quelques parties essentielles observées ailleurs.

Le dessous du *corselet*, ou la poitrine proprement dite, porte en dedans, comme celle des crabes, des branchies disposées de la même manière. En dehors, elle est divisée en cinq segments qui soutiennent autant de paires de pattes ; chacun sait que la première de ces paires est plus volumineuse et pourvue de pinces. Nous n'avons rien à ajouter ici relativement aux muscles qui doivent mouvoir ces membres ; ils sont en tout semblables à ceux des crabes ; nous pouvons en dire autant des divers segments ou articles qui composent les pattes.

La queue, ou si l'on aime mieux le ventre de l'écrevisse, est bien autrement développée que celle des animaux précédents. Elle est formée de six anneaux très-convexes en-dessus et légèrement voûtés en-dessous. Des muscles nombreux et robustes lui impriment des mouvements puissants ; ces muscles forment deux masses distinctes, l'une supérieure et l'autre inférieure ; c'est cette même partie blanche que l'on mange. Au-dessous de chacun des anneaux de la queue, sont autant de paires de petits filets qui sont en quelque sorte des pattes avortées que l'écrevisse emploie à ramer. Enfin, la queue est terminée par cinq pièces plates, minces et ovales, en formes de feuilles, un peu convexes en-dessus et concaves en-dessous. La pièce intermédiaire, ou impaire, n'est autre chose que le dernier anneau abdominal, et les deux prolongements latéraux sont les appendices de l'anneau qui précède. A l'intérieur, et presque sous la tête, on trouve un estomac formé de membranes fortes et assez épaisses ; il est muni intérieurement de trois dents écailleuses, pointues, auprès desquelles on trouve, à certaines époques, ces concrétions que nous connaissons déjà sous le nom d'*yeux d'écrevisse*. De là part un intestin qui longe la queue, sous l'extrémité de laquelle il va s'ouvrir. Le foie est gros et les nombreux vaisseaux biliaires forment cette partie que l'on mange et que l'on désigne du nom de farce. Le sang des branchies vient aboutir à un cœur assez gros.

Ces animaux sont communs dans toute

l'Europe, et dans les rivières et les ruisseaux dont l'eau est vive. Il y en a des espèces d'une grandeur prodigieuse, dans quelques grands fleuves de la Russie asiatique, tels que le Don et le Volga, et que l'on pêche pour avoir les pierres renfermées dans leur estomac. « Quand on en a pris une certaine quantité, dit le naturaliste Bosc, on les entasse pour les faire pourrir ; et lorsque leur décomposition est complète, on en lave le résultat à grande eau. Les pierres, comme plus pesantes, tombent au fond. On les exporte. Ces pierres, qui ont joui pendant plusieurs siècles, ajoute-t-il, d'une si grande réputation, et qui sont encore si recherchées dans les pays soumis aux préjugés, ne sont plus estimées en Europe que comme le plus petit morceau de craie ; et si on en trouve encore dans les boutiques d'apothicaires, c'est par un reste de l'ancien usage. » Les écrevisses, en effet, ne sont guère en honneur que sur nos tables où elles embellissent nos plats par le beau rouge dont elles se teignent en cuisant, ou par l'odeur et la saveur agréable que leurs coulis communiquent aux autres mets.

Au printemps, vient le moment des amours, et deux mois après l'époque de la ponte. Les femelles portent alors leurs œufs fixés comme des grappes aux filets mobiles qui garnissent le dessous de la queue. Lorsque les petits éclosent, ils trouvent ainsi, sous le ventre de leur mère, un refuge assuré contre les dangers, et ils n'abandonnent cet abri que lorsque leur test a pris assez de consistance pour les protéger.

Plus tard, entre les mois de mai et de septembre, a lieu la *mue*, commune à tous les crustacés. Nous ne saurions mieux faire que de rapporter en extrait l'observation de Réaumur sur cette espèce de mue. Cette époque n'est pas exactement la même pour tous ces animaux ; les uns muent plus tôt, les autres p'us tard. Quelques jours avant, les écrevisses qui vont muer cessent de prendre toute nourriture solide ; alors, si on appuie le doigt sur l'écaille, on sent que déjà elle plie et qu'elle n'est plus soutenue par les chairs. L'écrevisse commence ensuite à frotter ses pattes les unes contre les autres ; elle se renverse sur le dos, replie et étend sa queue à différentes fois, agite ses antennes et fait d'autres mouvements dans le but, sans doute, de détacher sa peau pour la quitter ; elle gonfle son corps, et il se fait, entre le premier anneau de l'abdomen et la carapace qui s'étend depuis lui jusqu'à la tête, une ouverture qui met à découvert le corps de l'animal. Après cette rupture, il reste quelque temps en repos; ensuite il fait différents mouvements et gonfle les parties qui sont sous la carapace. La partie postérieure de celle-ci est bientôt soulevée, et l'antérieure ne reste attachée qu'à l'endroit de la bouche; il ne faut plus alors qu'un demi-quart d'heure, ou un quart d'heure, pour que l'écrevisse soit entièrement dépouillée ; elle tire sa tête en arrière, dégage ses yeux, ses antennes, ses bras, et successivement toutes ses pattes. Les deux premières, ou les serres, paraissent les plus difficiles à dégainer, parce que la dernière des cinq parties dont elles sont composées est beaucoup plus grosse que l'avant-dernière; mais on conçoit aisément cette opération, quand on sait que chacun des articles écailleux qui forme chaque partie est divisé en deux pièces longitudinales qui s'écartent l'une de l'autre, dans le temps de la mue, lorsque l'animal leur fait violence. Enfin l'écrevisse se retire de dessous sa carapace, et aussitôt elle se donne brusquement un mouvement en avant, étend la queue, et se dépouille de ses anneaux. C'est ainsi que finit l'opération de la mue, opération si violente que plusieurs écrevisses en meurent, surtout les plus jeunes; celles qui y résistent sont très-faibles. Après la mue, les pattes sont molles, et l'animal n'est recouvert que d'une membrane; mais en deux ou trois jours, et quelquefois en vingt-quatre heures, cette membrane devient une nouvelle enveloppe aussi dure que l'ancienne. Il est important pour l'écrevisse que la nouvelle peau se durcisse bientôt, car si elle était rencontrée par d'autres écrevisses, n'étant plus défendue par son écaille, elle ne manquerait pas de devenir leur proie; c'est pourquoi aussi, lorsqu'elle est prête à muer, elle cherche une retraite dans les trous et dans d'autres endroits où elle puisse être à l'abri du danger.

Les mœurs des écrevisses ont beaucoup d'analogie avec celles des crabes. Comme ceux-ci, elles sont carnassières et elles vivent de débris d'animaux. C'est même sur ce fait qu'est fondée la science de leur pêche. Ordinairement, on tend un filet sur un petit cercle d'osier, d'un pied de diamètre environ, puis on attache au centre, soit une grenouille dépouillée, soit quelque lambeau de chair gâtée, et on descend ce plateau dans l'eau, suspendu par des ficelles au bout d'une tige d'osier. Il suffit, au bout de quelques heures, de retirer l'appareil avec précaution, et on le trouve chargé d'écrevisses qui ont été attirées par l'appât. Quelquefois encore, on place un animal mort et dépécé, ou des viscères de lapin ou de volaille, dans un fagot d'épines que l'on jette dans l'eau, attaché à une corde, et que l'on retire quelque temps après chargé d'écrevisses empêtrées dans ses ramuscules. On les saisit quelquefois aussi dans leurs trous.

Malgré le goût de ces crustacés pour les débris dégoûtants d'animaux en putréfaction, ils sont fort délicats pour le choix de l'atmosphère liquide qu'ils doivent habiter. Il leur faut des eaux vives et pures ; pour peu qu'elles soient troubles ou croupissantes, leur santé en est altérée, elles ne tardent même pas à mourir. Ils ne vivent pas facilement non plus dans les vases où on veut les renfermer, quoiqu'on ait le soin d'en renouveler l'eau tous les jours. Le seul moyen de les conserver, est de les placer dans une corbeille d'osier que l'on expose à l'eau courante d'une rivière ou d'un ruisseau. On a remarqué, d'après ce que rapporte de Géer, lorsqu'on a voulu peupler d'écrevisses un lac ou un réservoir quelconque, que celles qu'on y jette ne s'y plaisent pas, quoique l'eau y soit coulante, qu'elles en sortent ordinairement et qu'elles se rendent sur le rivage ou sur la terre, où elles se dispersent et meurent ; ce qui montre une affection singulière pour le lieu de leur naissance, et fait soupçonner qu'elles ne sont pas à leur aise dans toute autre eau.

Les écrevisses ont un accroissement fort lent, puisqu'on assure que celles qui sont déjà âgées de six à sept ans n'ont encore qu'une grosseur médiocre : ce fait s'accorde assez bien avec la durée de leur vie, qui est en général d'une vingtaine d'années environ.

Quelques espèces de ces animaux vivent dans la mer, et telle est l'*écrevisse norvégienne* que l'on trouve dans la mer de Norwège, celle du *Cap*, ou l'*écrevisse rabotteuse* de l'Océan indien. Mais la plus grande et la plus répandue des espèces marines est celle que l'on connaît sous le nom de *homard*. Sa taille peut atteindre plus d'un demi mètre de longueur. Sa chair est très estimée. Elle se trouve dans l'Océan européen, dans la Méditerranée, et même sur les côtes orientales de l'Amérique septentrionale. Quant à son organisation, nous n'avons rien à ajouter ; c'est l'écrevisse elle-même en grand, ou, s'il y a quelques variations dans les aspérités de son test , la différence est trop minime pour nous arrêter ici.

LES ERMITES.

Nous devons citer en tête de ces crustacés solitaires et reclus, qui vivent dans la mer, enfermés dans des coquilles spirales, l'*ermite-bernard*, comme le plus généralement connu, et comme devant servir de type à tous les animaux que l'on voudrait rapprocher de ce genre. Quelques-uns lui ont aussi donné le nom de *soldat*, sans doute parce qu'il vit dans sa coquille d'emprunt comme dans une guérite.

La forme du corps rappelle celle de l'écrevisse : la cuirasse est oblongue , les pinces hérissées de piquants et les quatre dernières pattes plus courtes que les autres ; mais c'est surtout le ventre, ou la partie qu'on nomme vulgairement la queue, qui présente ici une structure particulière : elle est plus ou moins cylindrique, longue, molle, et rétrécie vers le bout ; elle ressemble à une queue d'écrevisse manquée, qui offre encore quelques appendices atrophiés, en forme de fil.

L'état peu avantageux de cette structure

explique fort bien le besoin très-urgent où se trouve l'animal de rechercher un logement solide et capable de protéger cette extrémité de son corps. Aussi, exposé aux injures de tout ce qui l'environne, mais surtout aux blessures par le contact des corps qui l'avoisinent ou des ennemis qu'il peut rencontrer, *bernard-l'ermite* ne s'oublie pas ; la première coquille vide qu'il trouve est sa conquête et sa demeure. Il arrive quelquefois, cependant, que deux locataires se présentent à la fois pour la possession d'une même habitation ; alors le combat s'engage, et la plus forte pince l'emporte. *Bernard* s'accommode assez indistinctement, néanmoins, de toute espèce de coquille, pourvu qu'elle soit conformée en spirale ; alors, il s'y introduit, la queue la première, en fermant l'entrée avec une de ses pinces, et en se blottissant si bien au fond qu'on croirait la demeure non habitée. S'agit-il de changer de place ? ses grosses pattes, semblables à celles de l'écrevisse, sortent, saisissent les corps voisins, et l'ermite tire à lui sa conque, en même temps qu'il s'entortille et se roidit dans les parois ou dans la rampe pour ne point se trouver à nu.

Les ermites changent de coquille une fois par an, et l'on conçoit très bien cette nécessité, puisque leur corps, en grossissant, ne saurait être toujours contenu dans une enveloppe qui ne s'agrandit pas. Ce n'est qu'après s'être essayés dans un grand nombre de coquilles, qu'ils parviennent à en trouver une dont la capacité leur convient.

On les a accusés plus d'une fois du meurtre du propriétaire constructeur de l'habitation qu'ils viennent occuper, mais cette assertion est regardée aujourd'hui comme entièrement fausse; il a été bien reconnu qu'ils ne s'emparent jamais que des coquilles qui sont vides. Il paraît même qu'ils préfèrent celles qui, sont restées long-temps inhabitées et qui sont bien nettes. Rumphius rapporte qu'ayant mis plusieurs espèces de coquilles sur un banc, à l'air libre, pour les sécher après les avoir nettoyées, les *bernard-l'ermite* sont venus la nuit s'emparer de ces mêmes coquilles, abandonnant celles qui leur avaient jusqu'alors servi de demeure.

Ces animaux peuvent donc sortir quelquefois de l'eau; et si l'on en croit l'auteur que nous venons de citer, quand la pluie tombe après plusieurs jours de sécheresse, ils entrent pendant la nuit dans les maisons et dans les chambres, où ils font tant de bruit qu'ils éveillent ceux qui y dorment. Il paraît toujours certain qu'on les voit sortir quelquefois de la mer pour venir se promener sur le sable et sur les rochers; mais leur démarche est fort lente et ils paraissent traîner difficilement leur coquille ; ce n'est guère qu'au fond de l'eau qu'ils peuvent se mouvoir avec quelque facilité.

Ulloa raconte que l'ermite peut sortir quelquefois de sa cellule pour aller pâturer plus librement, et qu lorsque quelque danger le menace, il y rentre à reculons, en cherchant à mordre avec sa pince. Il ajoute que cette morsure est aussi venimeuse que la piqûre du scorpion. On sait très bien que c'est une erreur grossière, et que rien, dans la structure de leur pince, ne ressemble à l'appareil à injection que possèdent les animaux venimeux.

Les naturalistes donnent en général aujourd'hui à ces animaux le nom de *pagures* ; nous avons préféré leur conserver leur ancienne dénomination française, comme étant la plus répandue et la plus usitée parmi nous. Ce genre comprend un assez grand nombre d'espèces dont plusieurs, fort petites, vont se loger dans les *alcyons*, ou dans les tubes des *serpules*.

LES LANGOUSTES.

Si les langoustes étaient moins connues, sur nos tables, il suffirait, pour en donner une idée, de dire qu'elles ressemblent à l'écrevisse pour la forme, et qu'elles sont généralement un peu au-dessus du homard pour la grosseur.

Ce qui les distingue, cependant, de ces mêmes animaux, c'est que leurs dix pattes sont semblables, et que, par conséquent, on ne retrouve plus ici les bras armés de pinces des animaux précédents. Mais aussi, avec la diminution de ces membres, coïncide un développement énorme des antennes extérieures qui les avoisinent et qui sont hérissées de piquans. Les pièces des mâchoires s'alongent en forme de *pieds-mâchoires* fort avancés. La carapace est parsemée d'épines très-aigües et d'aspérités, les yeux sont portés à chaque extrémité d'un pédicule commun, fixé en travers au-devant de la tête.

Les Grecs rapprochaient ces animaux des *crabes* et les appelaient *carabos* ; le nom qui leur reste aujourd'hui est dérivé de celui de *locusta* que leur donnaient les Latins.

Les langoustes vivent près de nos côtes pendant la belle saison ; elles s'y nourrissent de poissons et de divers animaux marins ; comme leur vie est assez longue, elles peuvent acquérir, avec l'âge, jusqu'à près de deux mètres de long, y compris les antennes, lorsqu'elles peuvent se réfugier dans quelque lieu peu favorable à la pêche. C'est dans les mois d'avril et d'août que les mâles vont à la recherche de leurs femelles ; ils se saisissent alors face à face et se pressent si fortement qu'on a de la peine à les séparer, même hors de l'eau. Ces animaux portent aussi sous leur queue leurs œufs qui sont d'un si beau rouge qu'on leur a donné le nom de *corail*. Vers la fin de l'automne, les langoustes abandonnent nos côtes, et alors elles gagnent la haute mer où elles vont se cacher dans des fentes de rochers, à de très grandes profondeurs.

LES CREVETTES.

Ces petits animaux si communs sur nos tables, ont reçu tant de noms, qu'au milieu de ceux de *crevettes*, de *chevrettes*, de *salicoques* et autres, est survenu l'embarras du choix, et que les naturalistes semblent s'être, pour la plupart du moins, arrêtés à celui de *palé-mon*, établi par Fabricius, sans égard pour l'usage, et pour ce pauvre vulgaire, qui serait loin de s'attendre à trouver ses *crevettes* dans un plat de *palémons*.

Les formes ici, sauf la petitesse, s'éloignent peu des précédentes ; mais le corps est d'une consistance moins solide, quelquefois même assez mou, arqué ou comme bossu, ce qui leur a encore fait donner quelquefois le nom de *squilles bossues*. Les antennes, qui sont toujours en forme de soies, sont avancées; les latérales sont fort longues. Les yeux sont très-rapprochés, presque globuleux et portés sur un pédicule très-court. Le test s'avance à la tête comme une sorte de bec. Les pieds-mâchoires inférieurs ressemblent à des palpes longs et grêles, et même soit à des pieds soit à des antennes. Les quatre pattes antérieures, dans quelques espèces, sont terminées par des pinces ; ordinairement, à la seconde paire, ces pattes sont doublées ou pliées sur elles-mêmes. Quelquefois aussi la troisième pince est en en forme de serre. La queue se termine par une nageoire en forme d'éventail.

On trouve, aux Indes Orientales, quelques espèces de ces animaux d'une grandeur très-remarquable, et dont les secondes serres sont fort longues ; les Antilles en offrent aussi d'assez grands, dont quelques-uns se tiennent à l'embouchure des rivières. Ceux de nos côtes sont beaucoup plus petits ; on en prend beaucoup aux embouchures de la Seine, de la Loire et de la Garonne. Ces crustacés sont, au sortir de l'eau, d'un gris tacheté de brun ; ils meurent peu de temps après et se corrompent facilement. Lorsqu'ils sont cuits, leur couleur est rouge-pâle ; leur chair est tendre, douce, d'un goût agréable ; comme leur test a peu d'épaisseur, on le mange ou on le suce en entier, sans avoir besoin d'en éplucher les parties.

Si l'on observe des crevettes vivantes dans l'eau, on les voit ordinairement nager en avant et sur leurs pieds ; mais lorsqu'elles ont quelque danger à éviter, elles se mettent sur le côté, nagent à reculons, et se sauvent rapidement, souvent par sauts et par bonds, ce qui les a fait appeler quelquefois *sauterelles*. Leurs mœurs se rapprochent, en général, de celles des animaux dont l'histoire précède ; elles exercent leur instinct de meurtre et de déprédation sur les petits insectes marins qu'elles rencontrent. Elles fréquentent ordinairement les rivages, et si quelques espèces ont été rencontrées par quelques voyageurs, dans la haute mer, nageant parmi les fucus, il n'est resté sur elles que de vagues renseignements.

LES CRANGONS.

Pour terminer enfin l'histoire des crustacés dont la forme se rapporte plus ou moins à celle des écrevisses, il nous reste à dire un mot des crangons, que l'on sert aussi sur nos tables comme les crevettes, et que l'on confond même le plus souvent avec ces dernières sous la même dénomination.

Cependant, ils en diffèrent par les deux filets des antennes mitoyennes, et par la forme de leurs pattes antérieures. L'articulation qui les termine n'est pas en pince ; elle n'a qu'un seul doigt en forme de crochet mobile, l'autre est simplement remplacé par une petite épine. Les autres pattes sont petites et simples.

Ces crustacés ont un test incolore, ou tirant un peu sur le vert, marqué souvent d'une infinité de points ou de lignes noires. Ces couleurs changent singulièrement lorsqu'on les fait cuire, ou quand on les plonge dans l'esprit-de-vin ; alors ils se colorent en rouge. On les trouve communément sur nos côtes

dans les endroits sablonneux. Ils ont des mouvements très-brusques, ils nagent ordinairement sur le dos, et ils frappent souvent l'eau
avec leur queue qu'ils replient en avant contre
leur corps, et qu'ils distendent ensuite avec
beaucoup de force.

Les crangons forment, pour les habitants
des côtes, une nourriture abondante, mais
moins estimée que les crevettes. Les pêcheurs,
qui en prennent une très-grande quantité
dans leurs filets, s'en servent souvent comme
d'amorce pour attirer les poissons. Parmi les
espèces de ce genre, on distingue le *crangon
commun*, très-commun en effet sur nos côtes
océaniques, où on l'appelle vulgairement
cardon. On en prend aussi beaucoup dans nos
provinces méridionales voisines de la Méditerranée ; on les nomme en quelques lieux,
dans le patois du pays, *civade* ou *encivade*.
Ce même nom de *civade* est celui sous lequel
Rondelet désigne ces animaux ; il les nommait
encore *petites squilles*.

§ 2. *Stomades.*

LES SQUILLES.

On a trouvé quelque analogie entre les *squilles* et certains insectes voisins des sauterelles qu'on appelle *mantes* ou *prie-dieu*; aussi les crustacés dont il s'agit ici, et qui sont tous marins, ont-ils reçu assez vulgairement le nom de *mantes-de-mer*, ou de *préga-diou* (*prie-dieu*) dans le midi de la France.

Une première partie forme un corselet court avec lequel la tête est confondue; on remarque près de la base des yeux, de chaque côté, une petite pièce plate et ovale dirigée en dehors et bordée de longs poils, qui est sans doute une petite nageoire. Il y a quatre antennes au-dessus des yeux, dont les plus grandes se divisent chacune en trois filets. La bouche offre la même disposition que chez les animaux précédents.

Au-dessous de cette première partie, suivent onze segments très-larges, formant une grande queue analogue à celle des écrevisses, mais plus développée et renfermant les organes digestifs. L'avant-dernier de ces segments donne attache, de chaque côté, à un apendice natatoire composé de trois articles. Le dernier est arrondi et plus grand que les autres.

Les pattes des squilles sont au nombre de quatorze. La première paire, qui correspond aux pinces des écrevisses, est terminée ici par une scie à six dents tournées en dedans, et se replie dans cette direction de manière à ce que l'animal puisse s'en servir pour retenir sa proie. Trois autres paires de pattes suivent sous le corselet ; elles sont terminées par des crochets simples. Enfin, les trois premiers segments de la queue portent trois autres paires de pattes plus petites, déliées, divisées en trois articles, dont le dernier est bordé antérieurement de poils très-serrés.

Les squilles se tiennent dans les profondeurs de la mer ; leur accouplement a lieu au printemps, et les femelles se cachent sous les rochers lorsqu'elles veulent pondre leurs œufs. On en trouve dans toutes les mers des pays chauds. Elles sont un aliment agréable.

LES PHYLLOSOMES.

Qu'en se figure la feuille d'un arbre de Judée, transparente, plus ou moins ovale, surmontée d'un côté d'yeux pédiculés et d'antennes, terminée de l'autre par une queue extrêmement mince et petite, triangulaire comme celle des crabes, qu'on ajoute sur les côtés cinq paires de pieds, on aura une idée du *phyllosome*.

Le nom de ce curieux animal a été tiré du mot *feuille* en grec. Ce n'est guère que depuis ces derniers temps qu'on a bien connu les espèces de ce genre qui nous viennent toutes des contrées équatoriales. Ces animaux ne sont employés à aucun usage ; mais leur organisation est fort curieuse. La partie principale qui porte les pattes, et qui constitue presque tout l'animal, n'en est réellement que la tête ; la bouche est en-dessous, au milieu de cette pièce, et tout le corps est tellement transparent que l'on voit distinctement les viscères au travers, et qu'on distingue particulièrement le système nerveux et ses filets se rendant à tous les organes.

§ 3. — *Amphipodes.*

LES TALITRES.

Ce genre rentre dans un groupe particulier selon les naturalistes, et qui a reçu le nom de famille de *crevettines*. Ces animaux ont aussi été séparés par Latreille d'un genre avec lequel ils étaient confondus autrefois et qui portait le nom de *crevettes*. Ce dernier genre est même encore conservé sous ce nom par les natura'istes pour désigner des crustacés fort semblables aux *talitres*, séparés d'eux seulement à cause de quelques différences de proportions dans les antennes. Une telle distinction, outre qu'elle serait minutieuse dans un ouvrage qui ne saurait avoir pour but l'œuvre des détails, jetterait quelque confusion dans l'esprit des lecteurs, peu disposés sans doute à réformer le langage généralement reçu, et qui approprie le nom de *crevette* au genre que l'on désigne (scientifiquement) par le nom de *palémon*.

Les *talitres* ne seront donc pour nous que des *crevettines* ou les anciennes *crevettes des ruisseaux* que l'on voit sauter avec une grande vivacité, par la détente rapide de leur queue avec laquelle elles frappent le sol comme en lui donnant une chiquenaude, d'où est venu leur nom du mot latin *talitrum* qui exprime cette idée. Rondelet les nomme encore *puces de mer*.

Elles ont à la tête quatre antennes, les yeux sont à leur base. Leur corps est composé de douze à quinze segments aplatis, à chacun des sept premiers est attachée une paire de pattes, les deux premières terminées par une griffe ; les autres, semblables à des pattes d'écrevisses, vont en augmentant de longueur. Enfin, suivent de petits filets sur les autres pièces de la queue.

Ces animaux sont extrêmement petits. Bosc, qui en a observé de grandes quantités sur les côtes d'Amérique, sur celles d'Espagne et sur celles de France, rapporte que, dès qu'on enlève les pierres ou l'espèce de fumier sous lequel ils se mettent à l'abri du soleil, dans une humidité nécessaire à leur existence, ils se sauvent tous avec une telle vivacité de sauts, que sur plusieurs centaines qu'il dé-

couvrait à la fois, à peine pouvait-il saisir un
ou deux individus.

---

§ 4. — *Lœmodipodes.*

LES CYAMES.

Ces parasites, appelés aussi *poux de ba-
leine*, vivent sur le corps de ces animaux, ou
sur celui de quelques poissons tels que les
scombres et les maquereaux. Le nom de
cyame, qui vient du grec et signifie *fève*,
avait été donné à des cloportes, parce qu'ils
ressemblent en quelque sorte à cette semence,
lorsqu'ils sont dans un état de contraction;
aussi les crustacés dont il s'agit ici sont-ils si
peu éloignés des cloportes, que Linné les pla-
çait dans le même genre.

On distingue dans ce petit corps, la tête, la
poitrine et le ventre. La tête est très-petite,
porte deux yeux composés, entre eux quatre

antennes; en-dessous, est la bouche, composée
de parties très-petites ; en arrière de la tête ,
on remarque une paire d'appendices qui , à
proprement parler , est intermédiaire entre la
tête et la poitrine; elle s'articule à un segment
rudimentaire qui n'est pas visible en-dessus ,
et qu'on pourrait considérer comme l'ébauche du premier anneau de la poitrine.
Ces deux premiers pieds sont plus courts et
plus grêles que les suivants; ils se terminent
par une griffe très-dure. La poitrine , ou
thorax , est composée de six anneaux séparés
par de profondes incisions. Les côtés prolongés
de ces anneaux donnent naissance latéralement
à six membres articulés, que la variété de leur
forme et le nombre de leurs articles ont fait
distinguer en pattes proprement dites et en
fausses pattes; la paire de pieds qui tient au premier de ces segments est courte , mais robuste
et large ; elle se termine en forme de griffe.

Les cyames, comme nous l'avons dit, vivent sur le corps des poissons qu'ils sucent
pour se nourrir. Ils se cramponnent fortement avec leurs griffes, et se placent de
préférence aux lèvres ou contre les nageoires ,
comme étant les lieux où ils peuvent trouver
une nourriture plus facile à obtenir , et où ils
sont le plus en sûreté. On rapporte qu'ils

rongent la peau des baleines avec tant de force, qu'ils y laissent des trous comme si l'on en avait emporté des morceaux.

LES CHEVROLLES.

Si les *cyames* ont la forme ramassée d'une fève, les *chevrolles*, quoique placées tout près, ont un aspect bien différent. Leur corps, très-petit, est alongé, délié comme un fil et divisé en segments inégaux. Il a dix pattes terminées par des ongles, mais qui ne se suivent pas; elles sont disposées par paires en une série interrompue; en avant, sont de grandes antennes. Les femelles portent leurs œufs renfermés dans un sac suspendu au troisième anneau du corps.

Les chevrolles habitent la mer, où on les trouve communément sur les plantes marines; leur démarche ressemble à celle des chenilles arpenteuses; elles nagent assez bien, en courbant en bas et en redressant alternativement les extrémités de leur corps. On les voit quelquefois tourner avec rapidité sur elles-mêmes en faisant vibrer vivement leurs antennes.

§ 5. — *Isopodes*.

LES CLOPORTES.

Ce sont de petits crustacés que l'on a souvent rangés parmi les insectes, et qui sont
fort communs. On les trouve dans les caves
et sous les pierres, car ils fuient la lumière et
recherchent les endroits humides. Lorsqu'on
vient à les inquiéter, ils prennent des allures
très-vives. Leur corps est ovale, de la grosseur d'une petite fève, plat en-dessous, et
divisé en quatorze anneaux, y compris celui de
la tête. Les sept premiers portent chacun une
paire de pattes simples et terminées par un
onglet. Les six derniers anneaux forment une
sorte de queue, garnie en-dessous de cinq
paires d'écailles ou de fausses pattes, les premières renfermant dans leur intérieur les
organes de la respiration.

On a réuni sous le nom de *famille des
cloportides*, tous les animaux qui se rapprochent plus ou moins de cette organisation. La

femelle offre cette particularité que ses œufs sont renfermés dans une poche pectorale où ils éclosent et d'où les petits sortent vivants; en naissant, ils ont un segment thoracique de moins, et n'ont par conséquent que douze pattes.

Les cloportes se nourrissent de matières végétales et animales corrompues, et ne sortent guère de leurs retraites que dans les temps pluvieux ou humides; ils marchent lentement, à moins que quelque danger ne les menace, et s'il devient trop pressant, ils se roulent sur eux-mêmes en une petite boule, comme le ferait un hérisson. Leur couleur, généralement grise, et leur forme lorsqu'ils sont immobiles, leur donnent l'aspect de la tête d'un gros clou, aussi, les a-t-on appelés vulgairement *clous-à-porte*, et ensuite par abréviation *cloporte*.

---

§ 6. *Branchiopodes.*

LES CYCLOPES.

Dans les environs de Paris, et dans les eaux stagnantes qui ne sont pas corrompues, surtout dans celles qui renferment des plantes en végétation, on trouve, en prenant simplement un verre de cette eau, une multitude de petits animaux aquatiques, dont les *cyclopes*, aussi bien que les *cypris* et les *daphnies*, dont nous nous occuperons plus loin , font ordinairement partie.

Les cyclopes ont le corps ovale, un peu alongé , gélatineux et renfermé dans un test mince, transparent, divisé en-dessus par des intersections transversales , constituant des anneaux dont le nombre varie de cinq à huit. A la partie antérieure de cette carapace, on ne voit aucune apparence de tête; c'est un tout continu avec le reste du corps ; à l'extré‑mité seulement , brille un point noir qui est l'œil unique que possèdent ces animaux appe‑lés *cyclopes* à cause de cette particularité. A côté , sont des antennes garnies de poils, plus grandes chez le mâle que chez la femelle , et qui lui servent à retenir celle-ci dans la saison des amours. Les premières pattes sont appe‑lées *mains*, et fournissent de longs filets cro‑chus en forme de plumes; les autres, au nom‑bre de six ou de dix, fournissent également des filets penniformes. Tous ces organes ser‑vent à la natation. Une queue longue , droite et fourchue à son extrémité, termine le corps; elle est dans la même ligne que lui : flexible et mobile à sa naissance, elle diminue insensiblement d'épaisseur, et se partage tantôt plus près, tantôt plus bas, en deux branches ou filets soyeux, quelquefois aussi semblables à des plumes.

Les cyclopes, dans leurs mouvements, ressemblent assez à une chaloupe que des rameurs feraient avancer; leur progression a lieu ordinairement par une suite de vives secousses; mais si l'animal est épouvanté, il part comme un éclair. On le voit souvent à peu près en équilibre sur l'eau, au milieu de laquelle il peut rester long-temps suspendu. Mais bientôt cependant, s'il cesse de faire mouvoir ses rames, il ne tarde pas à enfoncer. Ces animaux paraissent se nourrir à la fois de substances végétales et de substances animales.

LES CYPRIS.

Les *cypris* ont le test en deux pièces réunies comme les deux valves d'une coquille, pouvant s'ouvrir et se fermer, renfermant entièrement le corps, et cachant aussi l'œil et la plus grande partie des antennes. L'œil est un gros point noirâtre et rond; les antennes

qui sont au-dessous forment un faisceau de
soies en manière de pinceau. Les pattes sont
au nombre de quatre selon les uns, de six selon les autres. Le corps, sans articulation
distincte, se termine postérieurement par une
espèce de queue molle, repliée en-dessous,
avec deux filets coniques, garnis de trois soies
ou crochets au bout, se dirigeant en arrière
et sortant du test. Tous ces appendices sont
utilisés pour les mouvements de la natation,
qui sont si rapides qu'on ne saurait dans ce
moment distinguer la forme de l'animal.

C'est dans les mares et les fossés qu'on trouve
les cypris errant à travers les lentilles d'eau
et les autres plantes. Les oiseaux, les vers, les
poissons, et même quelques insectes leur font
la guerre; et à cette cause de destruction se
joint encore la chaleur de l'été qui, desséchant
les mares, les fait périr. Aussi, les trouve-t-
on en plus grand nombre pendant l'hiver où
leurs ennemis vivent plus retirés et où elles
n'ont point à craindre la sécheresse. Bosc a
observé que quelquefois on voit des cypris
fermer hermétiquement leur coquille, s'enfoncer dans la vase et attendre dans cette attitude que les pluies viennent renouveler
l'eau de leur mare.

LES DAPHNIES.

Le genre *daphnie* réunit les animaux connus sous les noms de *poux aquatiques* et de *puces arborescentes*.

Malgré l'extrême petitesse de ces animaux, on a fort bien observé leur organisation au moyen du microscope. Leur corps est, comme celui des cypris, renfermé entre deux valves, dont la substance est très-mince, incolore et transparente. La tête paraît au dehors, elle est pourvue d'un seul œil. Le corps a huit segments. Viennent ensuite dix pattes, ayant toutes le second article vésiculeux ; les huit premières se terminent par une expansion en forme de nageoire, garnie, sur les bords, de soies ou de filets barbus, disposés en manière de couronne ou de peigne. Les deux premières, qui paraissent destinées à la préhension, ont quelquefois été appelées *mains*. Les pattes de tous ces animaux sont regardées par les naturalistes comme les organes respiratoires, comme de véritables branchies. Comme tous les précédents,

ces animaux changent d'enveloppe au printemps, et alors on voit les eaux qu'ils habitent chargées de leurs dépouilles. Celles-ci
sont fort curieuses à observer, car elles représentent l'animal dans toutes ses parties
sans exception ; la coquille y est même entière.

Lorsque les daphines ne nagent pas, elles
emploient leurs pattes à la pêche. A cet effet,
elles les remuent avec beaucoup de vitesse et
produisent ainsi dans l'eau un petit courant ;
les petits corps et les animaux microscopiques
qui abondent toujours dans les eaux stagnantes, attirés alors à elles, leur servent de nourriture.

On ne saurait croire en quel nombre pro-
digieux ces puces aquatiques se rassemblent
à la surface de l'eau, qu'elles recouvrent quelquefois jusqu'à une profondeur de plusieurs
lignes. Leurs couleurs, qui varient du vert au
blanc rougeâtre et quelquefois jusqu'au rouge
bien prononcé, donnent à l'eau cette teinte
qui a fait croire à quelques gens ignorants
qu'elle était changée en sang, et a causé
ainsi de grandes frayeurs.

§ 7. — *Pœcilopodes.*

LES CALIGES.

Ce sont de petits êtres très-connus sous le nom de *poux de poissons*, et qui vivent en effet sur ces animaux qu'ils tourmentent au point de les faire périr. Leur corps est alongé, déprimé, et formé de deux pièces principales, dont l'antérieure, plus grande, recouverte par un bouclier membraneux, présente deux antennes très-petites, des yeux écartés, situés sur le bord du bouclier, et supportés latéralement par une petite saillie, une bouche en suçoir ou en bec, placée inférieurement. La pièce postérieure, moins étendue que la précédente, varie dans sa forme ; elle est carrée, ovale ou oblongue, nue ou couverte d'écailles et terminée par une queue divisée en deux filets. Quelques pattes sont terminées en crochet, les autres sont branchiales ou natatoires.

On trouve les caliges attachés surtout aux

poissons cartilagineux , quelquefois jusqu'au nombre de vingt sur le même individu.

On distingue, sous le nom d'*argules,* un genre d'animaux tout à fait analogues à ceux-ci, et qui habitent particulièrement sur le corps des perches , des brochets et des carpes ; ce crustacé a l'habitude singulière de tourner sur lui-même comme une girouette.

LES LIMULES.

Nous devons, avant de clore cette longue série de crustacés , parler de la *limule* connue dans le commerce sous le nom de *crabe des Moluques*, et si remarquable par sa forme toute particulière.

Ces animaux, que l'on ne trouve que dans les mers des pays chauds, s'y tiennent le plus souvent sur les rivages.

Ils peuvent atteindre jusqu'à deux pieds de longueur. Leur forme est orbiculaire, terminée par une queue, et telle qu'on leur a donné le nom de poisson *casserole*. En enlevant les pattes qui se trouvent en dessous de la carapace et dans la partie creuse, leur test forme un vase creux que les nègres des bords de la mer emploient pour puiser de l'eau ou pour d'autres usages domestiques.

Cette carapace est formée de deux pièces. La première est large, arrondie, débordant de tous côtés, et portant des yeux très-écartés l'un de l'autre, entre lesquels Cuvier a observé trois petits yeux lisses, rapprochés. Les pattes dont nous venons de parler sont au nombre de douze ; la première paire semblable à de petites serres de crabes. A ce premier bouclier succède une seconde pièce plus petite, articulée dans une échancrure de la précédente. Sa forme est presque triangulaire, ses bords sont échancrés et dentés; dans chaque dentelure est articulée une petite épine mobile; il y en a six de chaque côté. Au-dessous de cette pièce sont dix pieds nageoires.

Ces animaux, communs dans les Indes-Orientales, sont recherchés et employés à la nourriture des porcs. Les sauvages font des flèches avec le stylet de leur queue ; la pointe en est très-redoutée parce qu'on regarde sa piqûre comme venimeuse. Leur chair est bonne à manger et leurs œufs sont très-délicats ; on sert sur les tables, à la Chine et au Japon, l'espèce qui vit dans ces contrées et qui y devient assez grande.

GÉNÉRALITÉS SUR LES CRUSTACÉS.

Il a été facile de remarquer, dans la série d'êtres que nous venons de parcourir, que leurs variétés diverses peuvent se rattacher à deux formes typiques, celle du *crabe* d'un côté, celle de l'*écrevisse* de l'autre. La forme de la carapace et celle de la queue diffèrent essentiellement dans les deux cas. On dirait que dans les *crabes* la nature a pris soin de ramasser l'animal sur lui-même autour d'un point central, d'où s'échappent en divergeant des pattes diversement conformées, en quelque sorte comme des rayons, que cette masse vivante enverrait en tous sens pour ses relations avec le monde ambiant.

L'écrevisse, au contraire, est construite en longueur. C'est autour d'un axe qu'elle est disposée. Sa forme se rapproche du cylindre, ses antennes se prolongent démesurément dans certains genres (la langouste, par exemple), et sa queue, qui est un véritable ventre renfermant l'intestin, sort de l'état rudimentaire où elle est réduite dans les *crabes*, pour devenir un organe puissant de locomotion.

Ces deux types fournissent deux divisions naturelles, des crustacés à *queue courte*, et des crustacés à *queue longue*. Cette distinction a été bien reconnue par les naturalistes; mais elle n'est point employée pour former en deux groupes tous les crustacés; elle divise seulement leur premier ordre en deux familles qui sont désignées : la première, sous le nom de *brachyures* ; la seconde sous celui de *macroures*.

Les ressemblances naturelles et bien tranchées ne suffisant pas à la formation des groupes assez nombreux dans l'ensemble de la classe des crustacés, on a eu recours à la forme de quelques organes en particulier pour établir des divisions plus artificielles. La structure de la bouche fut d'abord prise en grande considération; plus tard, on y joignit d'autres caractères, tels que ceux que peuvent fournir la situation et la forme des branchies, et la manière dont la tête s'articule avec le tronc. De là est résultée la distribution de ces animaux en sept ordres, telle que nous la donnons dans le tableau suivant, et comme elle est établie dans la partie du règne animal de Cuvier qui a été rédigée par le savant eutomologiste Latreille.

Classe.	Ordres.	Genres.
CRUSTACÉS.	1. Décapodes.	1° brachyures. crabes. étrilles. crabes fluviatiles. crabes de terre. grapses. pinnothères. leucosies. araignées de mer. maias. 2° macroures. écrevisses. ermites. langoustes. crevettes. crangons.
	2. Stomapodes.	squilles. phyllosomes.
	3. Amphipodes.	talitres.
	4. Lœmodipodes.	cyames. chevrolles.
	5. Isopodes.	cloportes.
	6. Branchiopodes.	cyclopes. cypris. daphnies.
	7. Pœcilopodes.	caliges. limules

Mais pour se faire une idée exacte des procédés à l'aide desquels les naturalistes parviennent à classer et à distinguer entre eux les divers crustacés, il est nécessaire de revenir un peu sur les parties organiques qui leur sont communes et qui peuvent varier de forme dans chacun d'eux.

La partie la plus essentielle et la plus considérable, est, sans contredit, le tronc de l'animal, que l'on appelle aussi *thorax*, ou poitrine. Cette même partie renferme les principaux organes de la digestion, de la respiration et de la circulation. Nous avons vu que le renflement qui constitue la poche digestive principale, ou l'estomac, est situé dans le voisinage de la tête ; que les branchies sont souvent des faisceaux semblables à des étoupes renfermées dans le thorax, comme dans les premiers ordres des crustacés, et que quelquefois ce sont de simples appendices tout à fait extérieurs. Mais, dans tous les cas, ces branchies partent de la base des pieds ou des pieds mêmes. Le sang ici est blanc, il circule comme dans les mollusques, en partant du cœur qui est sur le dos, pour se diriger vers les différentes parties du corps, et de là se rendre aux branchies et revenir au cœur.

Le dessous de ce thorax supporte les pattes

qui s'attachent par paires sur des segments osseux séparés, ou bien soudés ensemble, mais distingués par les traces de cette soudure.

Le tout se trouve recouvert en-dessus par une partie du test, tantôt formée de plusieurs anneaux, tantôt constituée par une seule pièce qui porte le nom de *carapace* ou plus particulièrement de *test*. Les naturalistes sont d'ailleurs peu d'accord là-dessus ; quelques-uns donnent à l'ensemble du thorax le nom de *corselet*, d'autres veulent que l'on désigne par là le premier anneau d'insertion de la première paire de pattes.

La *tête* n'est pas toujours une partie bien distincte et bien séparée; elle est souvent confondue avec le corsage. Elle a ordinairement quatre filets articulés que l'on nomme les *antennes*, ordinairement deux yeux, quelquefois quatre, d'autre fois un seul, qui sont tantôt portés sur un pédicule, d'autres fois appliqués sur la tête immédiatement. Les premiers sont toujours *composés*, c'est-à-dire taillés à facettes qui sont comme autant d'yeux à part, réunis en une seule masse. Les seconds sont *simple s* et entièrement lisses.

Au-dessous de cette tête, se trouve la bouche la plus curieuse et la plus complexe que l'on connaisse : elle se compose, en général, de six feuillets qui forment trois paires de mâchoires superposées, dont la plus profonde constitue ce que les naturalistes nomment les *mandibules*, sur chacune desquelles se trouve une petit appendice articulé appelé *palpe*. Au fond de la bouche est une petite langue. En avant des mâchoires, se trouve une pièce désignée sous le nom de *labre*; c'est la lèvre supérieure.

Plus loin, entre le thorax et la tête, sont des organes remarquables en ce qu'ils tiennent le milieu, pour la forme, entre les pieds et les mâchoires. Ces organes qui se fondent, pour ainsi dire, en pieds d'un côté et en mâchoires de l'autre, sont au nombre de six, distribués en trois paires; ils portent le nom de *pieds-mâchoires*.

Une série d'anneaux continue le corps des crustacés au-dessous du thorax. Cette partie du corps est ce qu'on nomme la queue, et ce que les naturalistes appellent le ventre ou l'abdomen. Elle s'éloigne du foyer vital et s'aténue insensiblement; les anneaux qui la composent s'atrophient de plus en plus, et les branchies et les pattes, qui plus haut sont parfaitement caractérisées, dégénèrent ici en des appendices natatoires secondaires, ou en de simples filets rudimentaires. Remarquons aussi que l'atrophie de ce dernier segment du corps est d'autant plus complète que le premier assume davantage sur lui les matériaux organiques ; c'est ce qui résulte de la comparaison du crabe et de l'écrevisse.

Le système nerveux longe l'étendue du corps : il se compose d'un cerveau plus large que long, et dont la surface se divise en quatre lobes. De cette première masse partent des filets nerveux pour les yeux et les antennes, et postérieurement deux cordons alongés, embrassant le commencement du tube digestif, se réunissent au-dessous de lui en un renflement ou ganglion médian, qui fournit des nerfs aux mandibules, aux mâchoires, aux organes voisins, et qui, en arrière, donne naissance à la continuation des cordons ou au système médullaire proprement dit. Ce système se compose de ganglions plus ou moins nombreux, qui sont réunis entre eux au moyen des deux cordons nerveux régnant dans toute la longueur du corps. Il est inutile d'ajouter que ce même système nerveux se ramasse ou s'étend selon les proportions et le genre de forme de l'animal.

On ne saurait refuser aux crustacés les sens de la vue, du toucher, de l'ouie, de l'odorat et du goût ; mais il n'y a que les trois premiers pour lesquels on ait démontré l'existence d'appareils propres à remplir ces fonctions ; l'organe de l'ouie offre même encore quelques doutes quant à son siége.

C'est au milieu de toutes ces considérations organiques, que les naturalistes ont cherché des caractères propres à distinguer entre eux les divers *crustacés* et à les classer. De la croûte solide qui forme leur enveloppe, est née la dénomination générale du groupe ; quant aux divisions secondaires, elles ont varié selon les divers degrés d'avancement de la science. Linné ne reconnaissait que trois genres ; Fabricius en forma plus tard trois ordres, et toujours ils firent partie de la grande classe des insectes jusqu'en 1799; alors Lamarck, dans ses cours, les constitua en une classe distincte.

Aujourd'hui, nous venons de le voir, cette classe est elle-même divisée en sept ordres :

1° Les décapodes ou *dix-pieds*, distingués encore par la situation de leurs branchies qui, bien que situées à la surface du corps, sont néanmoins enveloppées par les côtés de la carapace, et par la fusion de leur tête avec le thorax.

2° Les stomapodes ou *bouche-pieds*, qui ont

le test tantôt divisé en deux parties, comme deux boucliers dont l'un répond à 'la tête, l'autre au thorax ; tantôt formé d'une seule pièce.

3° Les amphipodes, ou *pieds-autour*, qui ont aussi des pieds dirigés en tous sens, qui sont pourvus, sous la queue, de fils ou d'appendices divers, formant de fausses pattes et regardés comme les organes de la respiration.

4° Les lœmodipodes sans branchies distinctes et n'ayant presque pas de queue apparente ; le corps composé de huit ou neuf articles, les pieds terminés par de forts crochets.

5° Les isopodes ou *pieds-égaux*, sans palpes aux mandibules, le corps aplati, à quatorze segments, à appendices en forme de bourse vésiculeuse sous la queue.

6° Les branchiopodes ou *pieds-branchies*, crustacés microscopiques, recouverts d'un test en bouclier ou en coquille bivalve, ayant les pieds natatoires et au nombre de vingt à plus de cent, souvent un seul œil.

7° Les pœcilopodes ou *pieds-divers*, outre la variété de formes de leurs pattes, n'ont pas de mandibules ni de mâchoires ; elles sont remplacées par quelques instruments de succion peu distincts ; leur test est en bouclier. Leurs pieds sont au nombre de douze ou de dix à vingt-deux. Ces animaux vivent toujours sur des poissons.

Tous les *crustacés* ont entre eux des rapports remarquables de structure te de mœurs, tous sont enveloppés d'un test solide qui ne varie qu'en ce que, chez quelques-uns, il est considérablement empreint de matière calcaire, tandis que chez d'autres il est réduit à une simple substance cornée ; mais, dans tous les cas, ils se dépouillent de cette enveloppe pour en revêtir une nouvelle en tout ou semblable à la première. Ils habitent tous presque tous les eaux soit marines soit fluviales ; mais, dans tous les cas encore, ils ne respirent qu'au moyen de branchies, et même les espèces qui respirent l'air libre au moyen de ces organes exigent, comme condition indispensable, que cet air soit chargé d'un certain degré d'humidité. A la vue de leurs armes redoutables, de leurs mâchoires fortes et complexes, des crochets puissants à l'extrémité de leurs pieds, d'une cuirasse protectrice autour de leur corps, et souvent de pinces offensives au sommet de leurs bras, on doit s'attendre à des mœurs féroces et à un instinct carnassier. Et en effet, ils vivent tous de viande et de dé-

bris d'animaux; et s'ils paraissent n'attaquer
que rarement leurs semblables ou les animaux
vivants qu'ils rencontrent, il faut l'attribuer
sans doute à l'état d'imperfection de leur tête
et de leur cerveau, qui place leurs facultés
bien au-dessous de celles des *poulpes* et des
autres mollusques plus belliqueux , quoique
moins bien armés que la plupart des crustacés.

Ces êtres sont de ceux qu'on voit, en général,
très-répandus sur la surface du globe et
que l'on rencontre sous toutes les latitudes.

CHAPITRE IV.

CLASSE DES ARACHNIDES.

§ 1. — *Arachnides pulmonaires.*

LES ARAIGNÉES.

Au premier aspect , ces araignées que nous voyons courir dans nos maisons et tendre leurs filets près de nous , ressemblent, avec leur corps ramassé et globuleux , entouré de pates rayonnantes , aux crabes dont nous venons de faire l'histoire. Mais, comme ceux-ci, elles ne sont pas protégées par une armure solide. Leur corps et leurs membres sont délicats et revêtus d'une peau fine et sans résistance.

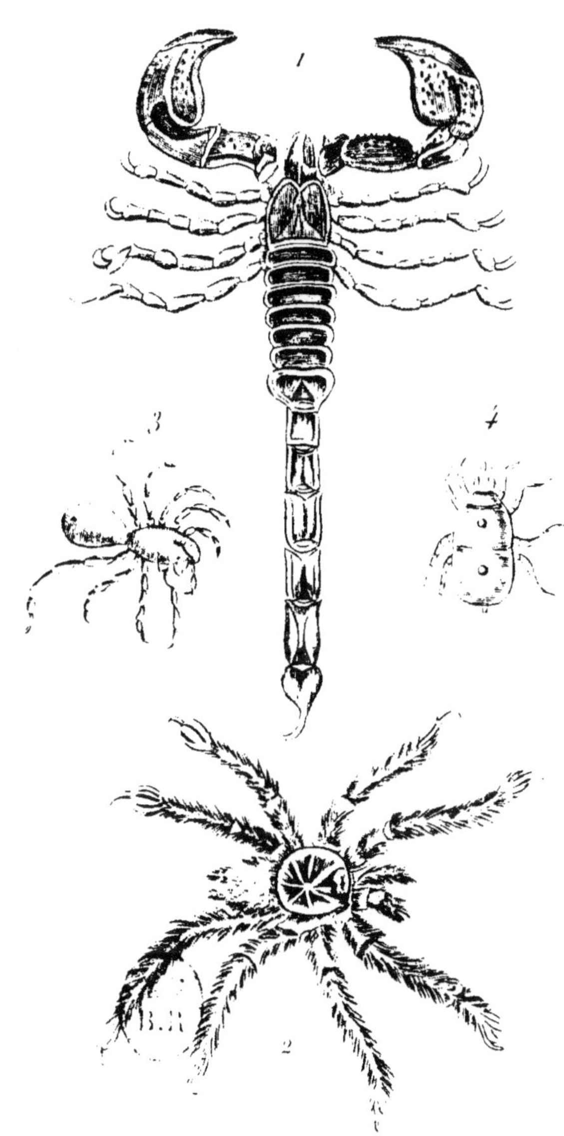

1 Scorpion 2 Mygale avicularie 3 id. Maçonne
4 Mite

Bien d'autres particularités les distinguent, surtout lorsqu'on vient à les étudier attentivement. La tête, fort petite et ordinairement confondue avec le thorax, porte au front des yeux lisses au nombre de six ou de huit ; elle ne présente, à la place des antennes, que deux petites serres qui servent à retenir la proie ; leur extrémité est terminée par un crochet, sous lequel est une petite fente pour la sortie d'un venin renfermé dans une glande de l'article qui précède; deux pieds, ou *palpes*, ressemblant aux pattes ordinaires des crustacés, forment, au moyen de leur base, deux mâchoires, et la bouche se trouve enfin complétée par une sorte de languette située entre ces mêmes mâchoires.

Le thorax, ou *corselet*, non distinct de la tête, comme nous venons de le faire observer, est composé d'un seul article sur lequel la limite de celle-ci est cependant indiquée par une impression en V. Il supporte huit pattes conformées de la même manière et composées de sept articles.

A ce corselet tient, par un petit pédicule charnu, l'*abdomen* ou le ventre, qui est extrêmement développé et qui renferme les viscères. Immédiatement après le pédicule, on voit deux taches, auxquelles correspondent deux ouvertures appelées *stigmates*, qui s'ouvrent dans deux sacs pulmonaires où sont contenus des feuillets blancs, organes de la respiration. A l'autre extrémité, et près de l'anus, on voit six mamelons, ou filières, d'où sortent les fils si connus dont les araignées construisent leurs toiles. Le canal intestinal est droit; il a d'abord un premier estomac, composé de plusieurs sacs; puis, vers le milieu de l'abdomen, une seconde dilatation stomacale entourée de l'appareil qui produit la soie et qui aboutit aux mamelons. Des vaisseaux biliaires nombreux viennent du foie s'ouvrir dans le canal alimentaire. On distingue un cœur et une circulation comme dans les crustacés. Le système nerveux se compose d'un double cordon, occupant la ligne médiane du corps, et de ganglions qui distribuent des nerfs aux divers organes.

La faculté qu'ont les araignées de produire la matière glutineuse qui sort des filières, et qui, en se desséchant à l'air, forme les fils assez solides dont elles composent leurs filets, est une des plus remarquables. La manière dont elles s'y prennent est surtout fort curieuse, et nous ne saurions mieux faire que de rapporter, à ce sujet, les propres expressions de Homberg qui l'a parfaitement observée :

« Lorsqu'une araignée, » dit-il, « fait cet ouvrage
dans quelque coin d'une chambre, et qu'elle
peut aller aisément en tous les endroits où elle
veut attacher ses fils, elle écarte les mamelons dont nous venons de parler ; et, en
même temps, il parait à l'ouverture de la
filière une très-petite goutte de cette liqueur
gluante qui est la matière de ces fils ; elle
presse avec effort contre le mur cette petite
goutte, qui s'y attache par son gluten naturel,
et l'araignée, en s'éloignant de cet endroit,
laisse échapper par le trou de sa filière le premier fil de la toile qu'elle veut faire. Étant
arrivée à l'endroit du mur où elle veut terminer la grandeur de la toile, elle y presse avec
son anus l'autre bout de ce fil, qui s'y colle de
même comme elle avait attaché le premier
bout, puis elle s'éloigne environ l'espace
d'une demi-ligne de ce premier fil tiré ; elle
y attache un second fil qu'elle tire parallèle-
ment au premier. Étant arrivée à l'autre bout
du premier fil, elle achève d'attacher le second contre le mur, ce qu'elle continue de
même pendant toute la largeur qu'elle veut
donner à sa toile : après quoi, elle traverse
en croix ces rangs de fils parallèles, attachant
de même l'un des deux bouts contre le mur,
et l'autre bout perpendiculairement sur le

premier fil qu'elle avait tiré, laissant ainsi tout à fait ouvert l'un des côtés de la toile, pour y donner entrée libre aux mouches qu'elle y veut attraper; et comme ces fils, fraîchement filés, se collent contre tout ce qu'ils touchent, ils se collent en croix les uns sur les autres, ce qui fait la fermeté de cette toile. »

C'est après avoir ainsi préparé son piége, que l'araignée se tient blottie dans un coin, attentive au moindre mouvement qu'un insecte imprudent viendrait étourdiment imprimer à ses fils. Aussitôt elle s'élance, et si une malheureuse mouche se débat dans les mailles où elle vient de s'embarrasser, elle la saisit avec ses crochets et l'emporte pour la dévorer, ne laissant ainsi de son crime aucune trace capable de donner l'éveil à une nouvelle victime. Il arrive quelquefois que la mouche capturée est très grosse; alors naît une lutte violente; la mouche s'agite avec force, mais l'araignée, loin de lâcher prise, enlace et garotte sa proie avec la soie qu'elle tire de sa filière, puis l'emporte sans résistance dans son trou. On assure que ces animaux sont assez intelligents pour aider eux-mêmes les insectes trop gros et plus forts qu'eux à rompre les fils de la toile et à s'échapper.

Les araignées sont éminemment carnassières : tout insecte à leur portée est saisi et dévoré ; la guerre et la rapine font toute leur existence. Dans leur cruauté sans bornes, elles vont jusqu'à se manger entre elles, lorsqu'elles en trouvent l'occasion. Deux araignées cheminant çà et là à la recherche de leur nourriture, viennent-elles à se rencontrer? aussitôt le combat s'engage, et ce combat est un combat à mort qui ne finit qu'avec la vie de l'une d'elles ; celle qui a succombé est toujours sucée et dévorée par son adversaire.

Un des points intéressants de l'histoire des araignées est celui qui se rapporte à leurs amours. En temps ordinaire, nul lien, nulle affection, et partant nulle recherche entre ces animaux ; chacun vit à part, ou s'il y a quelque voisinage, il n'est jamais trop rapproché. Un mâle habite parfois une des extrémités d'une même toile occupée déjà par une femelle ; mais il se tient toujours à l'écart, dans la crainte d'être dévoré par elle, ce qui arrive très-souvent. Ce n'est que dans la saison de la propagation que les mâles se mettent en devoir de chercher des compagnes. Quand l'un d'eux en a rencontré une, il a besoin d'user de la plus grande circonspection avant de l'aborder. Si la femelle se tient tranquillement au milieu de la toile, le mâle rôde autour, et finit enfin par se hasarder à y monter; mais il a soin auparavant de se réserver une voie de salut, en tendant un fil qui puisse l'aider à se sauver si la femelle n'est pas disposée à le recevoir. Ensuite, il s'avance lentement, et s'approche peu à peu; si elle reste immobile, il commence par la toucher avec une de ses pattes antérieures et il recule aussitôt; peu à peu il semble se rassurer: il se rapproche, la touche de nouveau, et la femelle, si elle est disposée à le bien accueillir, fait quelques légers mouvements pour le toucher à son tour. Alors se termine, à la satisfaction de chacun, ce singulier colloque qui, sans tous ces préambules, serait sans doute devenu funeste à l'un des deux acteurs; car s'il arrive par hasard qu'une araignée tombe brusquement sur la toile d'une autre, un combat terrible s'en suit, et l'une des deux tue l'autre; il arrive même que lorsqu'elles sont d'égale force, elles se blessent réciproquement et meurent toutes deux de leurs blessures.

Toutes les araignées sont ovipares, et pondent un grand nombre d'œufs. Les fileuses et celles qui ne font pas de toile les enveloppent d'une épaisse couche de soie blanche en forme de coque. Les unes les placent sur un arbre ou sur une muraille; quelques espèces portent les leurs enveloppés dans un cocon arrondi, très-serré, et on les voit souvent traîner après elles ce cocon, au moyen d'un fil qui le tient attaché à la mère. Il ne faudrait pas croire pourtant que ce lien soit le seul qui attache la mère au produit de sa conception; il en est un bien plus puissant encore, celui de l'affection maternelle qu'elle éprouve déjà pour sa progéniture. Je ne puis oublier que j'ai été moi-même témoin d'une scène intéressante qui ne peut laisser le moindre doute à ce sujet. Un soir, dans la belle saison, pendant ces heures de délassement et de bonheur qu'on goûte, à la campagne plus que partout ailleurs, dans la contemplation de la nature, un de ces hasards fréquents qui, dans ces lieux, jettent mille merveilles sous nos pas, amena devant nous une *mère-araignée* chargée de son précieux fardeau. La curiosité, il faut le dire, fut plus vive que tout autre sentiment, et me porta à séparer ce que le ciel avait uni, malgré les sollicitations d'une tendre mère qui, mieux que moi, sans doute, appréciait la cruauté de cet acte, et malgré les prières de plusieurs jeunes personnes, dont l'âme compatissante était émue d'une pitié qui doit paraître sublime à côté de la sécheresse et de la dureté que donne quelquefois le désir de savoir. La question était pénétrée et jugée de sentiment par ces dames : elles avaient vu d'avance ce que je ne vis qu'après. Ma pauvre araignée, qui fuyait avec tant de prestesse, malgré sa charge, nous montra que ce n'était point pour elle qu'elle craignait si fort le danger. Privée de son fruit, elle s'arrêta interdite et désolée, puis, allant et revenant sur ses pas, elle chercha de tous côtés, sans plus songer à fuir. Le cocon rempli d'œufs lui ayant été rendu, elle s'en saisit avidement, le serra avec amour et l'emporta aussitôt. La question alors était de savoir jusqu'à quel point il y avait discernement dans cette singulière conduite; le cocon fut enlevé de nouveau et remplacé par une petite boule de coton de même forme et de même grosseur. L'araignée la rejeta avec dédain ; une boulette de mie de pain fut également présentée, mais tout fut également repoussé, et la malheureuse bête n'eut de repos et ne songea à fuir que lorsqu'elle eut reconquis le seul bien auquel son instinct naturel attachait quelque prix.

Tous les auteurs n'ont pas manqué de faire mention de l'attachement des araignées pour leurs petits ; on sait que les *araignées-loups* déchirent la coque des œufs pour faciliter leur sortie lorsqu'ils éclosent ; bien loin de les abandonner ensuite, ceux-ci montent sur le dos de la mère, qui les porte partout de cette manière, et qui partage avec eux le butin qu'elle peut rencontrer.

Il serait impossible, à l'occasion des cocons de l'araignée, de ne pas dire un mot de l'emploi qu'on en a fait dans les arts pour fabriquer des bas ou des gants aussi forts que ceux que l'on fait avec la soie ordinaire. Voici ce que dit Latreille au sujet des procédés de Lebon : « Il a profité de l'observation que les naturalistes avaient faite, que quelques espèces filent deux sortes de soie, l'une très-faible, qui leur sert à tendre leurs toiles pour attraper les insectes, et l'autre, beaucoup plus forte, avec laquelle elles forment une espèce de cocon pour renfermer leurs œufs; il prit donc treize onces de ces cocons, qui lui donnèrent quatre onces de cire propre à être travaillée. Il fit battre légèrement ces cocons avec la main et un petit bâton, afin d'en chasser la poussière, et ensuite il les lava plusieurs fois dans l'eau tiède; après, ils furent mis dans une eau de savon, dans laquelle on avait fait dissoudre de la potasse nitratée et de la gomme arabique; le tout bouillit à petit feu pendant deux ou trois heures, et les cocons, après cette opération, furent lavés dans l'eau tiède jusqu'à ce qu'ils eussent rendu l'eau savonneuse dont ils étaient imprégnés. On les laissa sécher, et on les ramollit un peu avec les doigts pour les faire carder plus facilement. Cette soie cardée fut filée au fuseau avec beaucoup de facilité et donna un fil de soie plus fort que la soie ordinaire. » Quelques succès qu'on ait obtenus de ces essais, ils ont néanmoins été plus curieux qu'utiles ; étant sujets à beaucoup de difficultés, il n'était guère possible d'en faire une application en grand.

Une des choses les plus remarquables dans l'histoire des araignées, c'est l'existence de ces soies qu'on voit tendues au loin dans l'air, et qu'on nomme communément *fil de la vierge*. Il n'est personne qui ne soit resté saisi d'étonnement en voyant la distance qui en sépare quelquefois les deux bouts, et qui ne se soit demandé par quels moyens ces êtres dépourvus d'ailes ont pu parvenir à tendre ainsi ces fils. Les naturalistes, à qui l'on doit nécessairement adresser de pareilles questions, n'y répondent peut-être pas d'une manière assez satisfaisante. Lister avait dit que des araignées lancent leurs fils de la même façon que les porcs-épics lancent leurs piquants, avec cette différence qu'ici ces armes, suivant une opinion populaire, se détacheraient du corps, tandis que dans les araignées ces fils, quoique poussés au loin, y restent attachés.

Ce fait a été jugé impossible. Cependant, Latreille assure avoir vu des fils sortir des mamelons de quelques araignées, se diriger en ligne droite, et former comme des rayons mobiles, lorsque l'animal se mouvait circulairement. Ce même auteur raconte aussi la manière dont s'y prend l'*araignée des jardins* lorsqu'elle veut établir son fil à grande distance, le fixer, par exemple, entre deux branches ou entre deux arbres séparés par un ruisseau qu'elle ne peut franchir. Il paraît que dans un temps calme, placée au bout de quelques branches, elle s'y tient ferme sur ses pattes de devant, et qu'avec ses pattes postérieures elle tire de ses mamelons un fil assez long qu'elle laisse flotter en l'air; ce fil très-léger est poussé par le moindre vent vers un corps solide contre lequel il se colle de suite à l'aide du gluant dont il est enduit; pour s'assurer que ce fil est fixé, l'araignée le tire à elle de temps en temps, et lorsqu'elle en est certaine par la résistance qu'elle éprouve, elle le bande et le colle à l'endroit où elle se trouve ; c'est ce premier fil qui lui sert de pont de communication pour placer tous les autres.

Les jeunes araignées qui viennent d'éclore peuvent déjà commencer à filer leur soie et se mettent en effet à l'œuvre de suite. Les pattes de derrière éprouvent cependant un retard de quelques jours dans leur développement, ce qui, joint à plus d'uniformité dans les couleurs qui les nuancent, pourrait en imposer et les faire prendre pour une espèce particulière.

On a beaucoup exagéré les mauvais effets de la piqûre des araignées. Dans nos climats, elle ne produit jamais de dangereux accidents chez l'homme ni chez les animaux d'une certaine taille; seulement, il a été constaté que leur piqûre est venimeuse, et qu'une araignée de moyenne taille fait périr, d'une seule piqûre, notre mouche domestique, dans l'espace de quelques minutes.

Le nombre d'espèces d'araignées est si considérable, que les naturalistes les ont groupées en plusieurs sous-genres, dont il serait inutile de faire mention ici. Toutes ces espèces rentrent néanmoins dans deux divisions principales : celle des *araignées sédentaires* et celle des *araignées vagabondes*.

Pl.5.

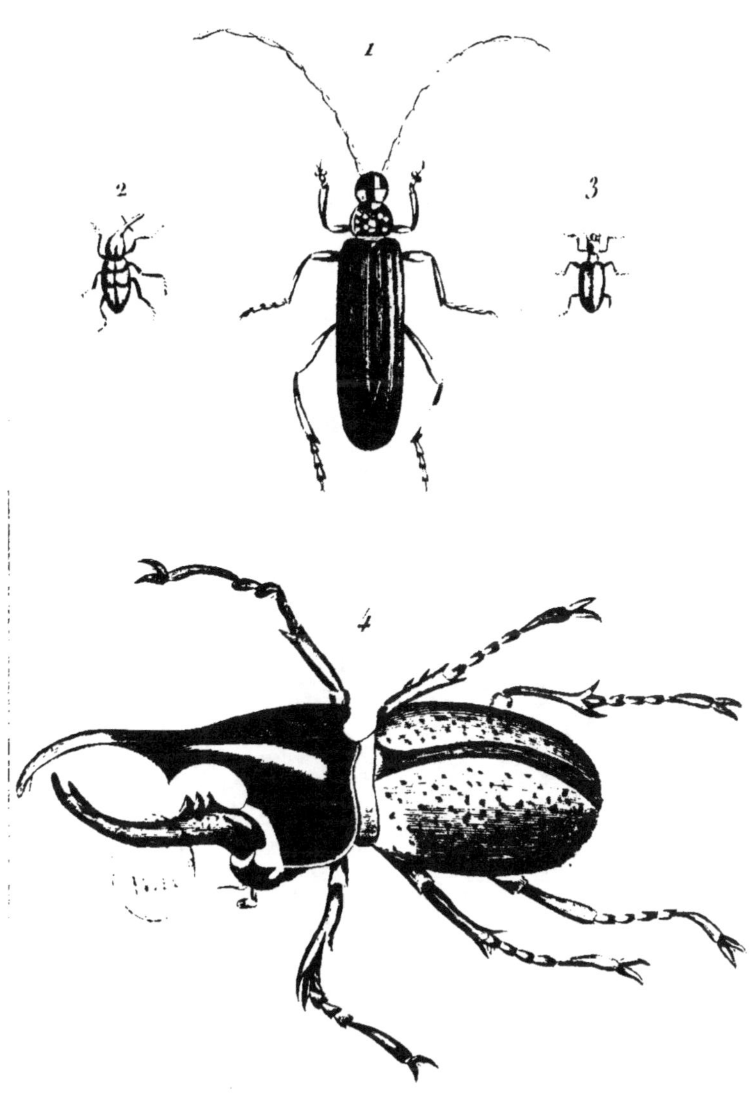

C.   Danesne sc.

1. Capricorne   2. Charançon des noisettes.
3. Criocère du lys   4. Scarabée hercule.

Les premières font des toiles, ou jettent au moins des fils pour surprendre leur proie, et se tiennent habituellement dans ces piéges ou tout auprès, ainsi que près de leurs œufs; les secondes ne font pas de toiles, guettent leur proie, et la saisissent à la course ou en sautant sur elle.

Outre ces divisions principales, les araignées ont encore été groupées de diverses manières dans les limites de ce cadre, ce sont : parmi les *araignées sédentaires*, 1° les *araignées tapissières* qui font des toiles serrées en tube, ou en nasse ; la plupart chassent la nuit ; 2° les *filandiéres*, dont les toiles sont à réseau irrégulier et à fils se croisant en tout sens sur plusieurs plans; 3° les *tendeuses*, faisant des réseaux réguliers, composés de cercles concentriques, coupés par des rayons partant du centre où l'animal se tient le plus souvent; leurs pattes sont très-grêles; 4° les *araignées crabes*, qui jettent seulement quelques fils pour arrêter leur proie et se tiennent tranquilles en l'attendant; elles se distinguent par leurs quatre pattes antérieures qui sont plus longues que les autres.

Les araignées vagabondes se divisent, 1° en *araignées sauteuses* qui courent et sautent sur leur proie, se tenant ou se suspendant simplement à un fil; 2º en *araignées loups*, dont les pieds ne sont propres qu'à la course, et parmi lesquelles la plupart des femelles se tiennent sur leur cocon, ou l'emportent avec elles, ne l'abandonnant que dans une extrême nécessité et retournant le chercher lorsqu'elles n'ont plus rien à craindre. Elles veillent aussi quelque temps à la conservation de leurs petits.

S'il fallait entrer dans la description détaillée des espèces que renferment tous ces groupes, nous entreprendrions une œuvre aussi longue que difficile, et peut-être de trop peu d'intérêt pour nous arrêter ici.

LES MYGALES.

Quoique les *mygales* soient considérées comme formant un genre particulier, ce sont encore des araignées qui se distinguent seulement des précédentes par le volume, la force de leurs organes, et généralement par l'absence de deux filières; elles n'en ont que quatre au lieu de six, qu'ont les araignées proprement dites. Le corselet de ces animaux est grand, le ventre ovale; les pattes moins alongées que dans les *araignées filandières* et dans les *tendeuses*, mais beaucoup plus grosses et plus robustes. Les mygales habitent des terriers qu'elles se creusent elles-mêmes, ou bien elles se logent entre des feuilles, sous des pierres ou des écorces d'arbres, et se fabriquent des tubes soyeux qui tapissent le lieu de leur demeure.

On rencontre les plus petites espèces de mygales dans nos climats et particulièrement dans nos contrées méridionales. Une des plus connues, est la *mygale maçonne* que l'on trouve dans les environs de Montpellier : longue de huit à dix lignes, brune, luisante, ayant des palpes hérissées de piquants, le ventre couvert d'un duvet court, elle se creuse, comme nous venons de le faire observer, des terriers profonds tapissés de soie.

Quand la mygale maçonne veut creuser sa demeure, elle choisit ordinairement, pour faire son nid, un endroit où il ne se rencontre aucune herbe, et un terrain en pente ou à pic, afin que l'eau de la pluie ne puisse s'y arrêter; elle tâche aussi de trouver une terre forte, exempte de roches et de petites pierres, et elle s'y creuse un boyau d'un ou deux pieds de profondeur. Après en avoir tapissé les parois, elle donne tous ses soins à le clore au moyen d'une petite porte qu'elle fabrique elle-même. Cette porte est construite de petites parcelles de terrein détrempées, et jointes par des fils de soie ; puis elle est appliquée sur le trou et tapissée en-dessous par un lacis plus serré. C'est pendant la nuit seulement que ces animaux travaillent et qu'ils chassent : la lumière les incommode. Si l'on cherche à ouvrir leur demeure, la mygale s'y oppose en se cramponnant à sa petite porte, et si on la force à sortir tout à fait au grand jour, elle chancelle et peut à peine faire quelques pas, comme si elle était dans un élément étranger. C'est dans ce terrier que sont déposés les œufs et qu'éclosent les petits, qui sont ordinairement au nombre d'une trentaine. On a remarqué que l'espèce qui vit en Corse reconstruit l'opercule qui ferme son nid, lorsque quelque accident vient à le détruire, et qu'elle ne met guère plus d'un jour à accomplir ce travail.

On distingue encore, parmi ces petites espèces, la *mygale cardeuse*, d'un brun-fauve, pâle, mêlé de cendré, que l'on trouve en Espagne et dans quelques provinces méridionales de la France, et la *mygale herseuse*, longue de de sept à huit lignes, noire, que l'on croit originaire de la Jamaïque.

Mais les espèces les plus curieuses, sont

celles que l'on trouve dans l'Amérique méridionale et dans les contrées les plus chaudes de
l'Afrique et des Grandes-Indes. Ce sont les
plus grandes araignées connues. On appelle, dans le pays, ces énormes mygales,
les *araignées crabes*. Pour donner une idée
de leur volume, il suffira de dire que lorsqu'elles ont les pattes étendues, elles peuvent
occuper un espace circulaire de huit à neuf
pouces de diamètre. Ce sont là les *araignées
des oiseaux*, ou les *mygales aviculaires* des
modernes. Leur corps est extraordinairement
velu, les pattes elles-mêmes sont couvertes de
poils ; elles sont pourvues de griffes crochues
et très-aiguës. Il est facile maintenant de se
figurer quelles seront les mœurs d'un animal
aussi hideux et aussi terrible. Ces mygales,
comme les précédentes, sont nocturnes; c'est
dans l'ombre qu'elles chassent, qu'elles grimpent sur les arbres pour saisir les oiseaux-
mouches ou les colibris, qu'elles s'embus-
quent aux bords des terriers, dans les fentes
des ravins, ou qu'elles se cachent sous des feuilles pour attendre les insectes ou les autres animaux qui leur servent de pâture. Leur force
est considérable ; quand elles ont saisi quelque proie, il est fort difficile de leur faire
lâcher prise; leur morsure est en même temps

très-dangereuse à cause du venin qu'elle injecte. On a pu très-bien distinguer ce même venin, lorsque la mygale appliquait les crochets de ses mandibules sur un corps dur et poli ; on voyait alors ce funeste liquide laisser des traces d'une couleur laiteuse.

Ces animaux sont d'une fécondité prodigieuse et deviendraient formidables par leur nombre, si les grosses fourmis du pays ne détruisaient une grande quantité de petits lorsqu'ils viennent d'éclore.

Comme les araignées vagabondes, les mygales renferment leurs œufs dans un cocon de soie blanche d'un tissu très-serré ; elles le maintiennent sous leur corselet au moyen des palpes et le transportent avec elles. Si quelque danger les menace, elles l'abandonnent pour un instant, et reviennent le prendre dès qu'il a cessé. Un seul de ces cocons contient ordinairement de dix-huit cents à deux mille petits.

LES SCORPIONS.

Ces animaux hideux, habitants des climats chauds, ne sont guère établis que sur une échelle d'environ un pouce pour les espèces les plus petites, et de cinq à six pour les plus grandes. Voici ce que présente leur aspect extérieur : un corselet s'approchant un peu de la forme d'un carré long constitue le premier segment du corps. A la suite de ce corselet, on voit douze anneaux dont les six premiers, de la largeur du corselet, mais plus courts, forment le ventre, et les six autres, plus étroits encore, mais aussi beaucoup plus longs, forment la queue. En avant du corselet, se prolongent deux grosses palpes, terminées en pinces absolument semblables à celles des écrevisses.

Les yeux des scorpions sont lisses, au nombre de cinq à sept et placés sur le corselet; car la tête est entièrement confondue avec celui-ci; quatre ou six de ces yeux sont placés en avant en une ligne courbe, deux autres, ordinairement plus grands, sont situés plus loin vers le milieu du dos.

Le dessous du corselet donne naissance d'abord aux palpes en pinces dont nous venons de parler et dont la base ou le premier article forme une mâchoire, puis a huit pieds latéraux, articulés et terminés par deux crochets; les quatre premiers de ces pieds contribuent par leur base à la formation de la bouche; les quatre suivants n'ont pas le même usage, seulement ils sont soudés ensemble à l'origine, et partent d'un point commun. En dessous de l'animal, et près de la naissance du ventre, sont deux organes extraordinaires, formés d'appendices semblables à des dents de peignes, et dont on ignore l'usage.

De chaque côté des quatre premiers segments de l'abdomen, on voit une tache ovale, blanchâtre ; ce sont là les stigmates par lesquels l'air pénètre dans les poumons. Enfin, le corps, ainsi que nous l'avons dit, se termine par une queue dont le dernier anneau porte une pointe arquée, très aiguë, comme une sorte de dard, sous l'extrémité de laquelle on voit deux petits trous servant d'issue à une liqueur venimeuse, contenue dans un réservoir intérieur.

L'enveloppe cornée, assez mince, qui revêt les scorpions, est d'un brun noirâtre; celle des pattes et de la queue diffère néanmoins : elle est plus claire, légèrement transparente et tirant sur le jaune.

Quant à l'organisation intérieure, elle a trop de rapports avec celle des animaux qui précèdent, pour qu'il soit nécessaire de s'y arrêter de nouveau. C'est toujours un tube alimentaire, un foie, un vaisseau dorsal faisant l'office du cœur pour distribuer le sang, et un système nerveux composé de ganglions, ici au nombre de sept, dont le premier est le cerveau. Sous le derme corné, sont disposés des muscles diversement distribués ou conformés, et destinés à mouvoir les segments du corps ; à la naissance de la queue, on en voit surtout d'assez forts, destinés à mouvoir énergiquement cet organe.

Les scorpions ont des mœurs cruelles et féroces; ils ne se contentent pas de saisir les insectes dont ils font leur nourriture, de les mutiler avec leurs pinces et de les darder avec leur queue empoisonnée, qu'ils recourbent au-dessus de leur tête, mais ils tuent même et dévorent quelquefois leurs petits en naissant, et ne s'épargnent pas entr'eux ; Maupertuis en ayant enfermé ensemble environ une centaine, au bout de huit jours n'en trouva plus que quatorze qui avaient dévoré les autres.

L'accroissement des scorpions est, en général, assez lent; ce n'est guère qu'au bout de deux ans qu'ils sont assez formés pour se reproduire. On présume que c'est plutôt la nuit que leurs recherches amoureuses ont lieu. La gestation commence vers l'automne et dure près d'un an, ce qui est fort remarquable et fort rare dans tout le règne animal. Les œufs,

qui sont très-nombreux, éclosent dans l'intérieur du corps de leur mère : les petits en
sortent tout formés et à diverses reprises ; la
mère les porte sur son dos pendant les premiers jours, ne sort pas alors de sa retraite,
et veille à leur conservation l'espace d'environ
un mois, époque à laquelle ils sont assez forts
pour s'établir ailleurs et pourvoir à leur sub-
sistance.

Ces animaux sont sujets à la mue ; la femelle change de peau avant de mettre bas ses
petits ; le mâle en fait autant à la même
époque.

On distingue trois espèces principales de
scorpions : 1° le *scorpion d'Afrique*, le plus
grand de tous, long de cinq à six pouces, d'un
brun noirâtre, et dont les pinces très-grandes
sont chagrinées et un peu velues ; cette espèce se rencontre aussi dans les Indes orientales et à Ceylan. 2° Le *scorpion roussâtre*,
dont le nom indique la couleur, et qui vit en
Espagne, en Barbarie, et en général dans le
midi de l'Europe ; il est plus petit que le précédent. 3° Enfin le *scorpion d'Europe*, qui est
d'un pouce environ de longueur, d'un brun
plus ou moins foncé, avec les pieds et le dernier article de la queue de couleur jaunâtre ;

cette espèce est fort commune dans le midi de la France.

Tous les scorpions vivent à terre ou dans les lieux sablonneux, se cachent sous les pierres, ou sous d'autres corps, le plus souvent dans des masures, dans des lieux sombres et frais, ou même dans l'intérieur des maisons. Ils courent très-vite en recourbant leur queue en forme d'arc sur leur dos, et la dirigent en tout sens en s'en servant comme d'une arme à la fois offensive et défensive.

Si la piqûre des scorpions n'est pas toujours aussi dangereuse qu'on l'a dit quelquefois, pour l'homme, et pour les animaux d'une certaine dimension, toujours est-il qu'elle produit des accidents assez graves dans certains cas, ce que constatent les expériences faites par certains auteurs. Rédi à Tunis, et Maupertuis dans les environs de Montpellier, ont vérifié que de jeunes pigeons blessés par un scorpion mouraient environ cinq heures après dans des convulsions et des vertiges ; que d'autres, au contraire, piqués après, n'éprouvèrent aucun effet fâcheux de leurs blessures. Mais Rédi supposa que, dans ce dernier cas, le venin du scorpion ayant été épuisé à l'avance, la piqûre devenait inoffensive par ce seul motif. Il lui fut facile de changer sa supposition en certitude ; car , ayant laissé reposer pendant toute une nuit le scorpion dont il s'était servi , les piqûres qu'il fit le lendemain avaient recouvré toute leur funeste énergie.

Maupertuis fit piquer des poulets et des chiens ; mais un seul de ces animaux en éprouva de facheux effets : ce fut un malheureux chien, qu'on vit bientôt très-enflé et chancelant ; puis il eut des vomissements d'une bave visqueuse et des évacuations alvines pendant près de trois heures; son ventre, qui était fort tendu , diminuait après chaque vomissement, et ensuite s'enflait de nouveau. Après ce temps, l'animal eut des convulsions ; il mordit la terre, se traina sur les pattes de devant, et mourut enfin cinq heures après avoir été piqué.

S'il n'est pas d'exemple qui doive faire penser que la mort puisse être la suite de la piqûre du scorpion chez l'homme, du moins est-il constaté qu'elle n'est pas sans quelque danger. Il résulte des expériences que le docteur Maccary a faites sur lui-même, que la blessure de cet animal peut produire les accidents les plus graves et les plus alarmants. L'intensité des effets varie, d'ailleurs, selon l'état des individus et selon l'âge des scorpions, qui sont d'autant plus venimeux qu'ils sont plus âgés. Les grandes espèces qui vivent dans l'Afrique et dans l'Inde, passent aussi pour être plus dangereuses.

Les Perses et les Indous emploient contre la piqûre du scorpion la scarification et l'application d'un peu de chaux vive. On est assez dans l'usage, dans nos provinces méridionales, de conserver pour cette cure de l'huile d'olives dans laquelle on a fait macérer des scorpions ; on prétend même que le meilleur moyen de se guérir quand on a été blessé, est d'écraser l'animal lui-même, et de l'appliquer immédiatement sur la blessure. Il est beaucoup plus sûr d'employer l'antidote déjà si connu comme propre à guérir les morsures des serpents venimeux, l'alcali volatil appliqué à l'extérieur et pris à la dose de quelques gouttes à l'intérieur dans un verre de liquide ; on a préconisé aussi les cataplasmes de bouillon blanc et les boissons sudorifiques.

Il nous reste à parler maintenant d'un fait singulier que l'on attribue au scorpion : on prétend que si on forme un cercle de charbons embrasés autour de l'un de ces animaux, celui-ci cherche à fuir d'abord de tous côtés ; mais que, lorsqu'il se voit ceint de toutes parts et dans l'impossibilité d'échapper au supplice, il se place au milieu du cercle, et se donne lui-même la mort, en enfonçant son dard sur le sommet de sa tête. Il serait difficile de porter un jugement définitif et assuré sur cette curieuse circonstance, au milieu des affirmations et des dénégations nombreuses des naturalistes. Tout ce qu'il m'est possible de dire et de me rappeler, c'est que, dans mon enfance, habitant alors le midi, j'eus occasion quelquefois de faire cette expérience sur des scorpions, sans autre intention que d'en faire un jeu. Tout ce qui en est resté dans mon souvenir, c'est qu'en effet ces animaux couraient d'abord dans le cercle avec une grande vivacité ; que leur irritation paraissait enfin devenir extrême ; et que, arrêtés au milieu du cercle, leur queue restait énergiquement dirigée sur leur tête. La fin de ces scènes n'est pas restée dans ma pensée ; mais je crois, autant que je puis m'en souvenir, que la cruauté naturelle de l'âge sans pitié me faisait hâter le dénoucment, et donner moi-même la mort violente à un être qui inspire à la fois la crainte et l'horreur. Seulement, la violente irritation de l'animal, et la situation où je l'ai vu semblent rendre probable ou du moins expliquer l'opinion où l'on est qu'il se tue lui-même.

§ 2. — *Arachnides trachéennes.*

LES PINCES.

Les *pinces* ont été appelées *scorpions-arai-gnées* et *faux-scorpions* ; et, en effet, ces petits animaux ressemblent parfaitement à de petits scorpions privés de queue.

Le premier segment du corps, servant de tête ou de corselet, porte deux ou quatre yeux lisses, situés latéralement, les organes de la manducation, deux pieds-palpes en forme de bras alongés, avec une pince au bout, et les six premières pattes. Puis, on compte onze segments, ou anneaux transversaux, larges et courts, sur le premier desquels la quatrième et dernière paire de pattes paraît insérée, et qui composent l'abdomen. Ce qui distingue ces animaux des précédents, c'est que la respiration ne s'effectue plus dans des poumons, mais dans de simples vaisseaux qui distribuent l'air dans tout le corps, et qu'on nomme *trachées.*

Les pinces courent vite, et souvent à reculons ou de côté, comme les crabes ; on en rencontre souvent dans les herbiers ou dans les vieux livres, ce qui les a fait nommer vulgairement *scorpions des livres* ; là, ces animaux se nourrissent de petits insectes qui rongent les feuilles, tels que les mites, les pucerons, les poux de bois. On en trouve d'autres dans les lieux écartés et humides, dans les endroits peu fréquentés des maisons, sous les pierres et les pots-à-fleurs des jardins.

Linné rapporte que ces animaux s'introduisent quelquefois dans la peau, et qu'ils peuvent y produire une enflure douloureuse. Il raconte encore, d'après ce qu'a observé le docteur Bergius, qu'un paysan ayant eu la cuisse percée pendant la nuit par une de ces pinces, il s'y forma une pustule de la grosseur d'une noisette qui lui causa des douleurs très-vives.

LES GALÉODES.

Leur corps est alongé, recouvert presque entièrement de poils longs, soyeux ou roides, de couleur brune ou jaunâtre. La tête se sépare assez distinctement du corselet dont elle ne représente pourtant que les premiers anneaux ; elle supporte les yeux et une paire de mandibules courtes et fortes, figurant de véritables pinces ; d'autres palpes complètent la bouche. La première paire de pattes a beaucoup d'analogie avec les palpes, elle n'est pas terminée par des crochets ; les trois paires suivantes en sont pourvues. L'abdomen est mou, oblong, couvert de poils, et composé de huit anneaux assez distincts ; il n'est terminé par aucun appendice.

Du reste, les galéodes ont beaucoup d'analogie de structure avec les pinces. On connaît très-peu leurs mœurs, on sait seulement qu'elles courent avec une extrême vitesse, redressent leur tête, semblent vouloir se défendre lorsqu'on les surprend, et sont réputées venimeuses. Elles ne filent pas et elles recherchent généralement l'obscurité. On les trouve dans les pays chauds et sabloneux de l'ancien continent, en Asie, en Afrique et dans le midi de l'Europe. M. de Humboldt en a seulement rencontré une très-petite espèce dans les contrées équatoriales de l'Amérique.

LES FAUCHEURS.

Qui ne connaît ces *faucheurs* ou *araignées à longues pattes* que l'on rencontre partout, soit dans la campagne, courant çà et là, soit dans les maisons où ils aiment à s'accrocher aux murailles enduites de plâtre? Ces animaux, quoiqu'ils aient assez l'aspect des araignées, en diffèrent cependant sous bien des rapports. La tête, le tronc et l'abdomen sont réunis en une seule masse, sous un épiderme commun; des plis sur l'abdomen forment des apparences d'anneaux. La bouche est pourvue de palpes, de mandibules et de six mâchoires. Il y a quatre paires de pattes très-longues et très-grêles qui sont réellement démesurées en proportion de la petitesse du corps qu'elles soutiennent et qui donnent à ces animaux un aspect tout particulier.

Tréviranus donna le premier, en 1816, des détails curieux sur l'anatomie des faucheurs : outre deux yeux portés sur un pédicule commun, il en a vu deux autres placés au-devant et latéralement. Le canal intestinal est très-large, muni d'une série de poches. Le cœur est simple, terminé en pointe à ses extrémités. Les stigmates , au nombre de deux, donnent naissance à deux trachées pour la distribution de l'air. Le système nerveux se compose d'un cerveau assez grand, duquel partent antérieurement deux nerfs destinés à la paire d'yeux moyenne, et qui donne postérieurement naissance à des cordons nerveux, aboutissant à autant de ganglions, desquels naissent des filets déliés qui se distribuent aux organes générateurs et dans l'abdomen.

C'est la démarche lente et formée de grands pas, du faucheur, qui lui a valu son nom, par la ressemblance qu'on a cru y trouver avec celle des ouvriers qui fauchent dans les champs. Cependant, ces animaux marchent quelquefois avec beaucoup d'agilité , et parcourent beaucoup de terrain en peu de temps. Ce moyen les met à même d'éviter les dangers qui les menacent. Quand un faucheur est dans l'état de repos, son corps est sur le sol et ses pattes étalées autour de lui ; si quelque petit animal vient par hasard à le toucher, aussitôt il suspend son corps en l'air au moyen de ses longues pattes qu'il redresse, mais il ne se décide à fuir que lorsque le danger devient par trop imminent.

Bien que les faucheurs ressemblent à des araignées , ils n'ont cependant pas de soie et ne filent pas.

LES MITES.

Lorsqu'on examine avec un microscope une sorte de poussière que l'on voit sur le vieux fromage, sur la viande sèche ou fumée des garde-mangers, sur le vieux pain, sur les confitures sèches gardées depuis long-temps, sur les oiseaux ou sur les insectes conservés dans les cabinets d'histoire naturelle, on voit s'agiter par milliers de petits animaux semblables à des araignées, et qu'on appelle les *mites*, les *acarus* ou les *cirons*.

Le corps des mites offre une petite tête pointue sur le devant, confondue en arrière avec le corselet, et surmontée tantôt d'antennes-pinces, tantôt d'un suçoir. De chaque côté est un petit œil. Le ventre est aussi beaucoup plus confondu avec la partie antérieure du corps que chez les araignées. Les pattes présentent quelques variations dans leur forme, selon les différents usages auxquels elles sont destinées dans les diverses espèces ; elles sont longues, en général, terminées par des crochets, et souvent garnies, à leur extrémité, d'une petite vessie, que l'animal peut enfler ou contracter, et qu'il fixe à l'endroit où il veut s'arrêter. Ces animaux sont sujets à la mue; ils sont aussi d'une fécondité excessive; et ce qu'il y a de fort remarquable chez leurs petits, c'est qu'à leur naissance ils n'ont que six pattes; la paire qui manque ne pousse que plus tard.

Les mites dont nous parlons, et que l'on rencontre sur les provisions de bouche, sont plus particulièrement connues sous le nom de *mites domestiques*. Mais on en trouve encore d'autres espèces qui vivent sur la peau ou dans la chair de divers animaux; il en est aussi qui se tiennent sur certains insectes vivants; on en trouve sur les oiseaux; et enfin on en voit d'errantes qui se rencontrent sous les pierres, les feuilles, les écorces d'arbres, dans la terre, et même dans les eaux.

Les mites domestiques sont très-agiles, leur couleur est d'un blanc sale un peu rembruni, et leur peau est très-luisante, tendue, ne formant ni plis ni rides : les pattes sont assez longues et égales. Enfin, au microscope, on voit distinctement sur leur corps de grands poils, ou en quelque sorte des piquants recourbés, que l'animal peut mouvoir à volonté de côté et d'autre, et qui rappellent les soies de certaines annélides.

7.

Les *mites de la farine* diffèrent des précédentes : elles sont imperceptibles à l'œil nu, leur corps est blanc, mais la tête et les pattes sont un peu roussâtres ; celles-ci ne sont pas terminées par une petite vessie, ce qui a lieu dans les mites domestiques. Toutes les parties de leur corps sont garnies de poils ; ceux de l'extrémité postérieure sont remarquables par leur longueur. Ces mites marchent avec vélocité et se meuvent rapidement dans la farine où elles habitent toujours. Leur nombre est quelquefois immense ; le pain doit probablement en contenir des milliers, surtout lorsqu'il est fait avec de la farine un peu vieille.

La *mite*, ou l'*acarus de la gale*, existe toujours dans cette maladie. Il est logé dans les petites vésicules qu'on voit alors sur la peau, et soit qu'il produise lui-même le mal, soit qu'il en communique le virus en passant d'un individu à un autre, il paraît du moins l'accompagner toujours. Les préparations sulfureuses sont, en général, employées dans le but de détruire cette affection incommode par un moyen fort incommode aussi, à cause de l'odeur qu'il répand. Le professeur Delpech en avait imaginé un plus simple et peu connu, mais que j'ai vu parfaitement réussir à l'Hôtel-Dieu de Montpellier, où il mettait cette pratique en usage. Ce moyen consiste à prendre quelques bains d'eau pure dans lesquels le malade se frotte la peau avec un morceau de toile un peu rude et imprégnée de savon noir, assez fortement pour ouvrir les ampoules et entraîner l'insecte dans le lavage. Après le bain, on se frotte avec de l'huile d'olives ; celle-ci, en bouchant les trachées respiratoires de l'animal, le prive d'air et le fait périr.

Il y a aussi une espèce de mites qui habite dans les bois et qui se fixe sur les chiens, sur les bœufs et particulièrement sur les chiens de chasse. Ces mites sont connues sous le nom de *tiques*. Elles s'attachent fortement à la peau des animaux sur lesquels elles se fixent, elles la percent avec leur trompe pour sucer leur sang. Leur ventre se gorge et s'enfle considérablement ; on a une peine extrême à les détacher. Celles-ci n'ont pas le corps velu, il y a tout au plus quelques poils sur les pattes ; leur couleur est ordinairement grise, on en trouve cependant de rouges sur les moutons.

On rencontre dans toute l'Amérique, mais plus particulièrement dans sa partie méridionale, des mites assez grandes qui habitent les forêts, et qui deviennent le fléau des hommes et des animaux. Elles portent le nom de *piques* ou de *poux de bois*. C'est surtout pendant l'été que ces êtres incommodes, abondamment répandus sur toutes les plantes, dans les bois et dans les buissons, grimpent sur les habits, si l'on vient à s'asseoir par terre, atteignent la peau et s'y fixent en insinuant profondément leur trompe. Il parait que les personnes attaquées ne sentent pas d'abord leur piqûre, et ne s'en aperçoivent que quand elles se sont introduites si avant dans la chair, que la moitié de leur corps s'y trouve engagée. Alors survient une douleur vive et une enflure assez forte à l'endroit piqué, et il est très-difficile de se débarrasser de l'animal, car il se rompt plutôt que de lâcher prise, et la tête restant dans la plaie y occasionne plus d'inflammation et de mal ; on a essayé de l'enlever adroitement avec une petite pince, ou bien de sacrifier la peau à l'endroit où elle s'est logée.

Ces mites attaquent la plupart des animaux, mais il en est une espèce, la plus grande de toutes, semblable par sa forme à une araignée, et fort rare, qui vit sur le rhinocéros.

Enfin, on trouve au cap de Bonne-Espérance beaucoup de mites de moyenne grosseur, d'un brun marron foncé et luisant, qui s'attachent aussi à la peau des animaux, et qui ressemblent parfaitement à celles que nous venons de décrire ; c'est aussi une *mite des buissons*.

La *mite des moineaux* est encore une espèce particulière : on la trouve ordinairement fixée sur les plumes des moineaux et des pinsons. Elle est fort petite, et sa forme diffère quelque peu des précédentes, les deux pattes de la troisième paire sont très-grosses et très-longues et terminées par deux crochets dont l'animal se sert pour se fixer aux plumes des oiseaux.

On trouve également des mites sur d'autres oiseaux, tels que la mésange, ou sur les oiseaux de basse-cour; toutes présentent quelques différences de formes.

Certaines mites habitent le corps des insectes : celle des bourdons est de la grosseur d'une graine de pavot; elle s'attache à différents scarabées vivant dans les substances cadavéreuses ou excrémentitielles. On en trouve sur le cou ou sous les ailes des mouches, sous le corps de certaines punaises des champs. Il en est même une petite espèce, de couleur rouge, qui vit sur les faucheurs. Enfin, la plus commune est celle des cousins.

Il nous reste, pour terminer l'histoire des

mites, à signaler l'espèce la plus connue des gens de la campagne et que l'on trouve sur l'herbe, dans les jardins et dans les prés. Elle est fort remarquable par sa couleur qui est d'un beau rouge écarlate et velouté. Mais c'est surtout aux Antilles et dans l'Amérique méridionale que ces petits animaux appelés *chiques* sont incommodes et même dangereux. Ils s'insinuent dans la chair et particulièrement sous les ongles; les chiens, les chats, les singes et les personnes qui vont nus-pieds sont exposés à leurs blessures. La chique qui est d'abord si petite qu'elle s'introduit sous la peau sans qu'on s'en aperçoive , grossit ensuite jusqu'au point d'égaler le volume d'un pois. Alors elle produit un grand nombre de petits qui se nichent dans la plaie autour d'elle. On sent de quelle nécessité il est de détruire ces animaux dont la propagation deviendrait excessivement dangereuse. Il faut en venir à l'extirpation, opération longue et douloureuse, dans laquelle les jeunes négresses sont extrêmement habiles. Elle consiste à séparer avec la pointe d'une aiguille la chair qui couvre la membrane dans laquelle les œufs se trouvent logés, ce qui expose souvent à ouvrir le cocon, et il faut l'enlever habilement, car s'il vient à crever, il est alors très-difficile de ne laisser ni des œufs, ni l'animal lui-même qui peut pénétrer plus avant dans la chair et pondre de nouveau. Dans beaucoup de cas on est obligé de couper la chair pour détruire le mal.

Mais tant s'en faut que ces mites soient toujours aussi dangereuses; on se débarrasse facilement, dans la plupart des cas, de la démangeaison qu'elles excitent, en arrosant simplement les parties du corps où elles sont nichées avec du jus de citron ou du vinaigre.

Ces animaux avaient été d'abord placés par Latreille parmi les mites : aujourd'hui il les range parmi les puces; comme leur place paraît encore douteuse, nous les maintenons ici.

GÉNÉRALITÉS

SUR LES ARACHNIDES.

Autrefois les araignées et les animanx qui leur ressemblent étaient regardés comme des insectes ; ce fut le professeur Lamarck qui le premier, en 1800, en forma une classe particulière sous le nom d'*arachnides*. Les araignées forment évidemment le type de cette classe ; aussi, a-t-on emprunté le nom d'*arachné* que leur donnaient les Grecs pour instituer celui d'*arachnides* qui désigne le nouveau groupe.

Il a été facile de voir combien ces animaux ont de rapports avec les crustacés, et avec les crabes en particulier. La forme générale du corps, les habitudes, les mœurs, et jusqu'à la mue, tout se ressemble. Seulement, il est à remarquer qu'ici, au lieu de dix pattes, comme chez les crustacés , on n'en rencontre que huit. Ce dernier caractère, joint à l'invariabilité de leurs formes pendant toute leur existence , distingue nettement les arachnides des insectes dont l'étude va suivre, et qui sont plus ou moins sujets à diverses métamorphoses.

Les organes respiratoires sont bien différents, chez les arachnides, de ce qu'ils sont chez les crustacés ; ce ne sont plus des appendices extérieurs, destinés à se mettre en contact avec l'eau ou au moins avec l'air humide ; ce sont des cavités intérieures, des *poumons*, qui admettent l'air pur dans leur capacité ; mais des poumons, cependant, qui portent en quelque sorte le caractère des branchies, comme si ce n'était que les branchies elles-mêmes renfermées dans un sac et devenues propres à la respiration dans l'air, ce qui les fait désigner par les naturalistes sous le nom mixte de *pneumo-branchies*. Chez d'autres arachnides, ces mêmes cavités ont pris une autre disposition : ce sont des vaisseaux recevant l'air extérieur, qui se divisent et se subdivisent dans tout l'intérieur du corps , et vont y répandre le fluide respirable : on les appelle *trachées*. Dans le premier cas, la circulation est nécessaire; aussi, trouve-t-on un système spécial à cet effet chez les arachnides qui possèdent des poumons. Dans le second cas, au contraire, le fluide étant répandu partout au moyen de trachées, l'appareil circulatoire devient inutile, puisque les liquides n'ont plus besoin d'être portés au devant de l'air pour en recevoir le contact : aussi, le système des vaisseaux circulatoires n'existe plus du tout, ou il en reste à peine quelques vestiges.

Dans ces considérations ont été puisés les motifs d'une subdivision des arachnides en deux ordres, telle que nous la donnons ci-après : 1° celles qui sont pourvues de poumons, et qu'on appelle *arachnides pulmonaires*, caractérisées encore par la présence d'un cœur et de vaisseaux distincts et par six à huit yeux lisses ; 2° les *arachnides trachéennes* respirant au moyen de trachées, n'ayant pas de circulation, du moins complète, et ne possédant au plus que quatre yeux lisses.

Classe.	Ordres.	Genres.
Arachnides.	1. Pulmonaires.	Araignées. Mygales. Scorpions.
	2. Trachéennes.	Pinces. Galéodes. Faucheurs. Mites.

On avait pensé pendant long-temps, que ce qui distinguait surtout les arachnides des crustacés, c'était l'absence de plusieurs des organes qui entrent dans la composition de la tête, tels que les antennes, les yeux composés, le labre, les mandibules et les mâchoires proprement dites. Savigny, qui s'est beaucoup occupé de recherches délicates de ce genre dans ces derniers temps, disait qu'il semble que la nature ait formé ces animaux en enlevant à un crustacé les organes extérieurs de la tête.

Latreille s'est livré à la recherche de ces différentes parties, et il les a trouvées, ou du moins leurs analogues, dans la plupart des arachnides.

Après ce que nous avons dit, il y a peu de chose à ajouter sur l'organisation des êtres dont il s'agit; leur système nerveux se rapproche de celui des crustacés, et ses ganglions sont d'autant moins nombreux, que la forme du corps, au lieu d'être alongée comme dans les scorpions, approche davantage de la forme rayonnée des araignées.

Leurs sexes sont distincts, et sur des individus différents; les femelles jouissent d'une très-grande fécondité; la plupart pondent des œufs qui éclosent plus tard, quelques-unes, et les scorpions sont dans ce cas, sont *ovovivipares*, c'est-à-dire que les œufs éclosent dans l'intérieur de leur corps, et que les petits en sortent vivants.

Ces animaux, qui trouvent leur place entre la classe des *crustacés* et celle des *insectes*, se lient d'un côté aux premiers par une foule de rapports. Ils semblent même n'être qu'un démembrement de ce groupe, modifié dans ses formes, parce qu'il serait entièrement sorti de l'eau pour venir habiter l'air plus franchement que certains crabes, qui n'y viennent que momentanément quoique toujours la nuit ou dans des lieux humides. Les arachnides conduisent aussi, naturellement, à la classe des insectes avec lesquels on les avait toujours confondues. Tous leurs dépouillements ne semblent qu'un prélude de la métamorphose à laquelle ils ne sauraient atteindre, et privés d'ailes, ces animaux vivent à terre ou ne se suspendent dans l'air que par le moyen intermédiaire de leurs fils. Mais on dirait qu'ils tendent déjà vers cet élément de la classe brillante et merveilleuse qui va nous occuper.

CHAPITRE V.

CLASSE DES INSECTES.

§ 1er. — *Insectes à mille pieds, ou myriapodes.*

LES SCOLOPENDRES.

Ces animaux, que l'on connaît aussi sous le
nom de *mille-pieds*, se rencontrent souvent
sous les pierres, les vieilles poutres, ou l'é-
corce des arbres, dans la terre ou le fumier ;
ils fuient ordinairement la lumière et se meuvent avec beaucoup de vivacité. Leur forme
est serpentine, et leur corps divisé en une
série d'anneaux plats, recouverts d'une plaque coriace ou cartilagineuse. Chacun de ces

anneaux ne porte le plus souvent qu'une paire de pattes; le dernier est ordinairement rejeté en arrière et s'alonge en forme de queue; ils sont au nombre d'une vingtaine, et portent chacun deux *stigmates* destinés à l'entrée de l'air dans les *trachées*.

La tête est parfaitement distincte; elle est surmontée de deux antennes, de deux yeux, et pourvue d'une bouche composée d'une *lèvre* divisée en quatre, de deux *mandibules*, de deux *palpes* ou petits pieds réunis à leur base, et d'une seconde lèvre formée par une seconde paire de pieds dilatés, joints à leur naissance et terminés par un fort crochet, comme nous l'avons déjà vu dans quelques araignées, et percé sous son extrémité d'un trou pour la sortie d'une liqueur vénéneuse.

Aussi, la morsure de ces animaux, si elle n'est pas mortelle, n'est-elle pas sans quelque danger. Les habitants des pays chauds les redoutent beaucoup, les espèces qui y vivent étant fort grandes, et leur venin pouvant être plus actif. L'espèce que l'on trouve aux Antilles, et qu'on désigne du nom de *malfaisante*, longue de quatre à six pouces, de couleur brune, pourvue de quarante-deux pieds, passe pour être dangereuse; mais il parait qu'en traitant la plaie avec de l'ammoniaque, on guérit assez promptement. Quelques espèces ne produisent qu'un peu d'enflure sur la partie mordue ; celles qui habitent nos climats passent même pour être totalement dépourvues de venin ; leurs dimensions sont aussi moins considérables, elles n'atteignent guère qu'une longueur de deux pouces au plus.

Les scolopendres se nourrissent de vers de terre et d'insectes vivants. Leurs organes sexuels sont intérieurs et situés à l'extrémité postérieure du corps, comme dans la plupart des insectes.

Les espèces de ce genre sont 1° la *scolopendre mordante* dont nous venons de parler, que l'on trouve aux Antilles, et qui est même commune dans toute l'Amérique méridionale.

2° La *scolopendre à pinceau,* dont le corps est formé de quinze anneaux portant chacun une paire de pieds, et recouvert en dessus par huit plaques ou demi-segments en forme d'écussons, les pieds alongés, les yeux grands et à facettes. On la voit, principalement dans les temps pluvieux et pendant la nuit, courir sur les murs avec une grande vitesse pour chercher les insectes qu'elle tue sur le champ avec ses crochets à venin.

3° La *scolopendre à trente pattes,* longue

d'un pouce au plus, lisse, luisante, tantôt d'un brun de poix, tantôt d'un roux qui tire sur l'ambre. Elle se trouve fréquemment en été dans les jardins du midi de la France et de Paris.

4° La *scolopendre électrique*, qui est en effet quelquefois électrique et lumineuse pendant la nuit, et qui se distingue surtout par le nombre considérable de ses pattes qui peut aller jusqu'à cent-quarante et plus. On la trouve aux environs de Paris.

Nous devons faire observer que toutes les espèces que nous venons de signaler ne sont pas regardées comme telles par tous les naturalistes, et que beaucoup les considèrent comme formant autant de genres particuliers.

LES IULES.

Quoique les *iules* ressemblent assez aux *scolopendres*, leur corps en diffère en ce qu'il est composé ordinairement d'un nombre d'anneaux bien plus considérable, et que presque tous portent deux paires de pattes fort petites. Ces anneaux sont parfaitement circulaires, ce qui fait que les iules ont le corps cylindrique et très-alongé, la substance qui sert d'enveloppe est dure, un peu calcaire et unie. La téte est de la largeur du corps, plate en dessous, convexe et arrondie en dessus, les yeux ovales et formés de petits grains. Ces animaux présentent une série de trous situés le long de leur corps et qu'on avait crus destinés à la respiration, mais qui remplissent un autre usage fort remarquable : ils laissent suinter une liqueur acide et d'une odeur désagréable qui parait être pour eux un moyen de défense. Les vrais stigmates sont deux petites ouvertures placées sous chaque segment, qui communiquent intérieurement à une double série de poches aériennes disposées en forme de chapelet tout le long du corps, et d'où partent les branches des trachées qui vont se répandre sur les organes.

Les iules, malgré le nombre considérable de leurs pattes, ne se meuvent que lentement, et semblent ne faire que glisser sur la terre ; ils se nourrissent soit de substances animales, soit de substances végétales, mortes et décomposées, et pondent dans la terre un grand nombre d'œufs.

Un des phénomènes les plus remarquables de leur existence, est leur mue, qui est pour eux une sorte de métamorphose. Au sortir de l'œuf, leur corps a en petit la forme d'une fève ; il est parfaitement uni et sans appendices. Dix-huit jours après leur naissance, ils subissent une première mue, et alors seulement ils prennent la forme des adultes ; mais ils n'ont encore que vingt-deux segments en tout, et vingt-six paires de pattes, dont dix-huit seulement servent à la locomotion. Une seconde mue a lieu environ un mois après ; le corps acquiert alors vingt-trois segments et trente-six paires de pattes, et ces nouvelles parties semblent s'être développées à la partie postérieure du corps. Encore un mois après, survient une troisième mue dans laquelle l'animal prend trente segments et trente-six paires de pattes ; et ainsi successivement, de manière que chez les adultes, le corps est composé de cinquante-neuf segments dans les mâles, et de soixante-trois dans les femelles. Deux ans après leur naissance, ils changent encore de peau, et c'est alors seulement que les organes génitaux deviennent apparents. On retrouve à chaque fois, dans la dépouille que jettent les *iules*, jusqu'à la membrane qui tapisse intérieurement le canal alimentaire et les trachées. Les organes de la bouche sont les seules parties qu'on n'ait pu retrouver.

GÉNÉRALITÉS SUR LES MYRIAPODES.

A ces deux genres, scolopendre et iule, se borne ce que les naturalistes appellent l'ordre des *insectes myriapodes*, ou bien le groupe de ces animaux vulgairement connus sous le nom de *mille-pieds*. Ils ont, en effet, entre eux beaucoup de ressemblance ; ils ont tous l'aspect de petits serpents ou de petites néréides, et sont composés d'anneaux auxquels sont suspendues les paires de pattes. Les mille-pieds, comme les arachnides, respirent par des trachées et se dépouillent de leur enveloppe ; mais cette mue est comme une ébauche de métamorphose qui lie ces êtres à la classe des insectes.

§ 2. — *Insectes thysanoures.*

LES FORBICINES.

Aldrovende donna le premier le nom de *forbicines* aux insectes dont il s'agit. Geoffroi leur donna ensuite le même nom, Linné et d'autres naturalistes l'ont changé depuis en celui de *lépismes*. Ces petits animaux, que l'on trouve communément dans les fentes des châssis qui restent long-temps fermés, sous des planches un peu humides, dans les armoires ou sous des pierres, ont le corps alongé, mou, un peu aplati et couvert de petites écailles souvent argentées et brillantes qui les ont fait nommer vulgairement *poissons d'argent* ou *demoiselles argentées.* Leur tête porte deux antennes en forme de soies, articulées, fort longues, deux yeux très-petits formés de petits grains, et une bouche composée, munie de palpes. Le corselet est distinct et formé de trois pièces très-larges, il porte

six pattes aplaties, à leur origine surtout, amin-
cies ensuite et terminées par deux petits cro
chets. Le reste du corps, formé des articulations de l'abdomen ou du ventre, présente le
long de chaque côté une rangée de petits
appendices terminés en pointes soyeuses, et
dont les derniers sont les plus longs. Enfin,
l'extrémité postérieure du corps se termine
par trois soies articulées très-longues.

Ces insectes, fort jolis et fort brillants, se
meuvent avec une très-grande vivacité. Il est
quelquefois fort difficile de les saisir sans enlever une partie des écailles dont leur corps
est couvert, ce qui enduit les doigts d'une
poudre onctueuse, semblable à celle qui recouvre les ailes des papillons. Les forbicines
fuient la lumière, et cherchent particulièrement leur nourriture la nuit ou dans les lieux
obscurs ; on n'est pas bien certain de la nature
de celle-ci. Linné et Fabricius ont dit que
l'espèce commune se nourrit de sucre et de
bois pourri ; suivant le premier, elle ronge
les livres et les habits de laine : Geoffroi pense
qu'elle mange le pou de bois. Tout ce qu'il
est facile de présumer, c'est que la déli-
catesse des organes masticatoires de ces
petits êtres ne leur permet pas de ronger des
matières dures. L'espèce la plus commune
et qui sert de type à ce genre, très-répan-

duc en Europe et originaire d'Amérique, a environ quatre lignes de long, une couleur argentée, un peu plombée et sans tache; elle porte le nom de *forbicine du sucre*, parce qu'elle est fort avide de cet aliment, et qu'elle est très-commune dans les sucreries du Nouveau-Monde.

LES PODURES.

Les *podures* ont le corps en général plus petit que les animaux précédents; il n'égale guère qu'une demi-ligne en longueur, et il est de couleur plus foncée; d'ailleurs, leur organisation au fond en diffère peu. Voici les caractères auxquels les naturalistes les distinguent : les antennes sont formées de quatre pièces; la bouche est dépourvue de palpes distincts et saillants; le corps est terminé par une queue fourchue appliquée, dans l'inaction, sous le ventre, et servant à sauter.

Ces êtres sont assez communs dans les latitudes froides et tempérées; on en rencontre beaucoup dans les environs de Paris. Ce qu'ils ont de particulier, c'est que le froid semble leur convenir et leur être favorable, et que la multiplication de quelques espèces paraît se faire en hiver. Les uns se tiennent sur les arbres, sur les plantes, sous les écorces ou sous les pierres; on en voit qui se réunissent en sociétés nombreuses sur la terre, sur les chemins sablonneux, même exposés au soleil, et qui ressemblent de loin à un petit tas de poudre à canon. D'autres aiment la neige sur laquelle ils viennent sauter. Enfin, il en est qui habitent la surface des eaux dormantes, sur laquelle ils marchent et sautent aussi facilement que les espèces terrestres peuvent le faire sur le sol. Nous rapporterons ici ce qu'en dit de Geer qui a fort bien observé ces *podures aquatiques :* « Au mois de février 1758, étant en Hollande, j'y remarquai, sur la surface de l'eau des petits fossés qui traversent les pâturages, plusieurs grandes plaques noires qui excitèrent d'abord ma curiosité. Les ayant regardées de plus près, je vis avec beaucoup de surprise que ces endroits noirs étaient des monceaux ou des assemblages de quelques milliers de petits insectes noirs qui s'y trouvaient amoncelés en si grande quantité, qu'ils couvraient presque entièrement la superficie de l'eau. Ces sociétés nombreuses d'animaux étaient ordinairement placées au bord des fossés ou à l'abri de quelques plantes aquatiques. Ces insectes y sont dans un mouvement continuel, sans cependant s'éloigner les uns des autres ; ils restent toujours sur la surface de l'eau sans jamais y plonger. Ayant fait du mouvement avec un bâton au milieu d'eux, ils se mirent à sauter et à se disperser un peu de tous côtés, mais pour se rassembler aussitôt qu'ils furent tranquilles. Les ayant examinés au microscope, je vis que c'étaient des podures. J'en ai aussi trouvé en Suède sur la superficie des eaux des marais, mais jamais en si grande quantité qu'en Hollande. Tout près de ces plaques noires formées par le grand nombre des podures réunis, ajoute de Geer, on en voit souvent d'autres toutes blanches, produites par une quantité de petites parcelles de cette couleur, qui flottent sur l'eau. Ce sont les peaux ou les dépouilles quittées par les podures, auxquelles on reconnaît la forme de toutes les parties, comme des antennes, des pattes, de la queue fourchue, etc. »

GÉNÉRALITÉS

SUR LES THYSANOURES.

Les forbicines et les podures ont été réunis en un seul groupe par Latreille, et forment le second ordre de la classe des insectes, sous le nom de *thysanoures*. Cette dénomination tirée du grec indique un des caractères de l'ordre dont il s'agit, elle signifie *orné de franges*, ce qui doit s'entendre ici des filets de la queue de ces animaux, ordinairement garnis de poils, de sorte que le mot *thysanoure* signifierait, dans l'esprit des naturalistes, *queue frangée*. Les autres caractères de ce groupe sont d'avoir six pattes et de n'être pas susceptibles de métamorphose.

Nous n'avons pas d'autre observation à ajouter ici, au sujet de l'ordre des thysanoures, si ce n'est de faire au moins remarquer, d'un côté, le vice des méthodes qui se trouvent

8.

obligées de laisser parmi les insectes des êtres entièrement dépourvus de l'un des caractères les plus généraux de la classe, celui de la métamorphose de l'aveu de tous les naturalistes, et de l'autre la fluctuation que chaque découverte vient tous les jours faire éprouver à l'arrangement de nos matériaux. Je rapellerai à cette occasion une communication faite à l'Académie des sciences, dans sa séance du 20 juin 1836, par M. Guérin ; il aurait observé sous les segments abdominaux de ces animaux, et à côté d'appendices qu'il compare aux fausses pattes des crustacés, de petits sacs membraneux, d'une organisation semblable à celle des organes respiratoires d'un grand nombre de crustacés inférieurs. Il y aurait donc lieu de classer parmi les *crustacés*, ces êtres pourvus de véritables branchies et qui, cependant, on ne peut le nier, ont bien des rapports et beaucoup de ressemblance avec les autres *insectes* auprès desquels on les a placés.

La seconde réflexion que nous avions à présenter ici, se rapporte à l'insuffisance des nomenclatures modernes, qui ne méritent pas, dans la plupart des cas, que l'on fasse infidélité en leur faveur aux anciennes dénominations, lorsqu'il en existe, ni à notre langue, au profit des langues mortes, dans la plupart des cas. Nous prendrons pour exemple le nom des *thysanoures*, comme nous pourrions en prendre beaucoup d'autres : si ce mot signifie *orné de franges*, ou de *fils pendants*, il est bien loin d'être particulier au petit nombre d'êtres qui nous occupent, ou si l'on veut lui faire signifier plus spécialement *queue frangée*, il n'est pas nécessaire de le dire en grec plutôt qu'en français. Il y a, sans doute, beaucoup à dire là-dessus : il s'agit de décider s'il est plus favorable à l'avancement de la science , de parler une langue facile à généraliser , et partant, de renfermer l'histoire naturelle dans un petit cercle d'adeptes, plutôt que de la populariser dans chaque pays par son langage propre. Mais, bien que notre sentiment nous porte vers ce dernier parti, nous nous abstiendrons d'aller plus loin sur cette question que nous n'avons garde de décider.

§ 3.—*Insectes parasites.*

LES POUX.

Quoique ces animaux soient bien communs, grâces à la civilisation et à la propreté ils sont assez peu connus pour que nous ne devions pas nous croire dispensé de donner quelques détails sur leur structure.

Leur corps est mou, demi-transparent et aplati, il est revêtu d'une peau coriace sur les bords, et partagé en onze ou douze segments. Leur tête est assez petite, ovale ou triangulaire, munie à sa partie antérieure d'un petit mamelon charnu renfermant une petite trompe qui sert de suçoir; elle porte en outre deux antennes courtes et déliées et deux petits yeux ronds. Le corselet, formé de trois segments, est presque carré, un peu plus étroit en devant; il porte six pattes courtes, grosses, composées d'une hanche de deux pièces, d'une cuisse, d'une jambe, et d'un fort crochet arqué et tenant lieu de tarse, dont l'insecte se sert pour se cramponner aux poils ou à la peau des animaux sur lesquels il vit. Vient ensuite un ventre rond ou ovale , oblong, incisé sur les côtés, et formé de huit anneaux. A chacun d'eux, et de chaque côté, on voit un stigmate ou orifice respiratoire très apparent.

Les poux, comme on le sait, sont parasites; ils vivent toujours sur d'autres animaux dont ils sucent le sang au moyen de leur trompe qu'ils enfoncent dans la peau. On serait tenté de croire que c'est là ce qui occasione les démangeaisons qu'ils produisent quelquefois; mais il n'en est pas ainsi. Il a été reconnu que cette démangeaison vient d'une piqûre faite avec un aiguillon recourbé, renfermé dans l'abdomen, et que les poux peuvent faire sortir à leur gré. Quant à l'introduction de la trompe, il a été constaté qu'elle ne produit presque aucune sensation si elle ne rencontre pas quelque nerf. Cet aiguillon passe encore pour être l'organe générateur mâle.

Tous ces animaux se reproduisent par des œufs qui sont appelés *lentes*, et qui éclosent cinq à six jours après la ponte. Leur accroissement est fort rapide; au bout de dix-huit jours environ ils sont formés et en état de se reproduire, encore éprouvent-ils plusieurs mues dans cet intervalle. Leur ponte est aussi extrêmement féconde ; des expériences ont prouvé qu'en six jours, un pou peut émettre cinquante œufs et qu'il en contient encore un bon nombre. Enfin, on a calculé que deux femelles peuvent avoir dix-huit mille petits en deux mois.

Après cela, on ne sera pas surpris que leur étonnante multiplicité ait pu, dans quelques cas, produire cette dégoûtante maladie, connue sous le nom de *phthiriase*, ou de *maladie pédiculaire*, dont le symptôme essentiel est le développement d'une énorme quantité de poux sous l'épiderme, dans toute l'étendue du corps ; développement tel, qu'il élude tous les soins de propreté et qu'il peut amener le marasme et la mort.

Chaque animal a son pou particulier ; quelques-uns en ont plusieurs. L'homme lui-même en nourrit trois espèces ; le pou de la tête, celui du corps, et celui du pubis. Heureusement, la propreté prévient le séjour de ces hôtes détestables, que certaines préparations peuvent détruire. Parmi celles-ci, on emploie particulièrement : 1° les substances huileuses ou graisseuses, qui bouchent les stigmates de ces insectes et les étouffent ; 2° les semences du pied d'alouette,

les coques du Levant, le tabac réduit en poudre, et surtout les préparations mercurielles,
telles que l'onguent gris ou l'onguent napoli-
tain qui agissent sur eux comme un poison,
et les font périr promptement.

Nous ne pouvons omettre ici la remarque
curieuse d'Oviédo sur l'influence des climats ;
il dit avoir observé que les poux quittent les
marins espagnols qui vont aux Indes, à une
certaine latitude, et qu'ils les reprennent au
retour sous le même degré; c'est à peu près à
la hauteur des tropiques que cela a lieu ; mais
ces observations ont cependant besoin d'être
confirmées et appuyées de témoignages plus
certains.

On assure que dans l'Inde, quelque sale
que l'on soit, on n'a jamais de poux qu'à
la tête; il fallait qu'en revanche, le nombre
de ceux-ci fût autrefois bien considérable,
puisque, s'il faut en croire certains rapports,
les anciens rois du Mexique n'auraient pu
trouver d'autre moyen de soulager leurs sujets, que de les soumettre à fournir, comme
tribut annuel, une certaine quantité de ces
insectes, et que Fernand-Cortez aurait encore
trouvé dans le palais de Montézuma des sacs
qui en étaient remplis. Un fait non moins
remarquable et plus certain, c'est que non

seulement différents singes, mais les nègres et les Hottentots mangent les poux, et sans chercher aussi loin ces faits dégoûtants, nous en trouvons d'analogues dans notre France civilisée ; j'ai eu des preuves certaines et indubitables, pendant mon séjour dans la petite ville de Romans, en Dauphiné, que les habitants de la campagne de ce pays les mangent, semés en certain nombre, sur un œuf cuit au plat, et cela en guise de vomitif. Il est certain que les poux étaient autrefois employés en médecine, mais d'une toute autre manière : on les introduisait dans le canal de l'urètre pour guérir les suppressions d'urine.

LES RICINS.

Pendant long-temps, les *ricins* furent confondus avec les *poux*; ce fut de Geer qui les en distingua, et qui fit remarquer le premier que ces parasites différaient surtout par la présence des mandibules à la bouche, ce dont les véritables poux sont privés.

Nous n'avons donc rien à ajouter, quant aux dimensions et à la forme de ces animaux, puisquils ont tant de ressemblance avec les poux. Ce sont, en effet, les *poux des oiseaux*, et ils vivent exclusivement sur eux, sauf une seule espèce que l'on trouve sur les chiens. Mais aussi les espèces de ricins sont-elles bien plus nombreuses que celles des poux, et il n'est peut-être pas une seule espèce d'oiseau qui n'ait son ricin particulier.

Ces animaux paraissent se nourrir, non pas uniquement de sang comme les précédents, mais de parcelles de plumes que l'on a retrouvées dans leur estomac; cependant, de Geer dit y avoir trouvé aussi du sang dont l'insecte venait de se gorger. Leur fécondité est très-grande, et leur présence très-fâcheuse dans bien des cas où ils fatiguent et finissent par épuiser et faire mourir les oiseaux sur lesquels ils se sont fixés.

De même que les poux, les ricins ne peuvent vivre long-temps sur des animaux morts; ils les quittent bientôt, et c'est alors qu'on les voit distinctement courir avec inquiétude sur les plumes, et particulièrement sur celles de la tête et des environs du bec.

GÉNÉRALITÉS SUR LES PARASITES.

On voit que les parasites qui tourmentent les animaux ne sont pas tous parmi les *mites* et les *cirons*. Les deux genres *pou* et *ricin*, dont nous venons de parler, leur appartiennent ; mais seulement, au lieu d'être des *arachnides*, comme les animaux de la gale, ce sont de véritables *insectes*, munis de six pieds et respirant par des trachées.

Ils diffèrent des thysanoures par l'absence d'appendices articulés et mobiles, par deux ou quatre petits yeux qui sont lisses, par la présence d'une trompe rétractile, ou de deux mandibules en crochets ; mais ce qui les en distingue surtout, ce sont leurs habitudes ; aussi en a-t-on formé, au milieu des insectes, un ordre particulier sous le nom d'*insectes parasites*.

§ 4.— *Insectes suceurs.*

LES PUCES.

Les *puces* ne sont point, dès leur naissance, ce qu'elles sont à nos yeux habituellement. Au sortir de l'œuf, ce sont de petits vers, sans pieds, très-alongés et très-vifs, que l'on voit se rouler en cercle ou en spirale, serpentant dans leur marche; leur couleur est d'abord blanche, plus tard elle devient rougeâtre. En avant se trouve une tête écailleuse, sans yeux, portant deux très-petites antennes; il y a aussi une bouche munie de quelques petites pièces mobiles, dont ces animaux font usage pour se pousser en avant. Puis le corps suit et se compose de treize segments, ayant de petites touffes de poils, avec deux espèces de cro-chets au bout du dernier. Dans ce premier état l'insecte a reçu le nom de *larve.*

A ce premier âge en succède un second, marqué par un changement de forme. Après

avoir demeuré douze jours environ sous la
forme de *larve*, l'animal se renferme dans
une coque soyeuse, et là, dans un état parfait
d'immobilité, il acquiert toutes les formes
qu'il doit présenter un jour. Il porte le nom
de *nymphe* dans cette phase de son existence
qui dure autant que la première.

Enfin, le dernier ou troisième âge arrive,
et *l'état parfait* est définitivement acquis. Le
nouvel être a complètement satisfait aux évolutions de sa *métamorphose*. La puce doit
vivre et mourir avec les formes que nous
allons décrire; alors aussi, seulement, elle
est en état de se reproduire.

Le corps est ovale, comprimé latéralement
et divisé en douze segments dont trois composent le tronc, qui est court, et les autres le
ventre. La tête est petite, très-comprimée,
arrondie en dessus, tronquée et ciliée en devant, elle a de chaque côté un œil petit et
arrondi, derrière lequel est une fossette où
l'on découvre un petit corps mobile, garni de
petites épines. En avant sont de petites antennes filiformes. La bouche consiste en un
petit bec composé d'une gaine correspondant
à la lèvre inférieure qu'on trouve chez les
autres insectes; cette gaine se sépare en deux
moitiés qui renferment un suçoir composé de

trois soies, dont deux représentent les mâchoires, et la troisième la languette qu'on
trouve chez les autres animaux de cette classe.
Enfin, deux écailles recouvrant la base du
tube, représentent les palpes et achèvent de
démontrer l'unité qui semble avoir présidé à
la composition des êtres les plus dissemblables. Les pattes, au nombre de six, sont fortes et plus ou moins hérissées d'épines, les
quatre antérieures sont insérées presque sous
la tête; les deux postérieures, qui ont les hanches très-grandes, servent à sauter. La puce
les presse du poids de son corps et de la sou-
plesse de ses articulations, et les comprime
comme un ressort qui, en se relevant avec
vivacité, chasse au loin le léger animal.

Les puces sont des insectes suceurs et parasites qui se nourrissent du sang de plusieurs
animaux; elles attaquent l'homme et préfèrent
la peau délicate des femmes et des enfants;
mais elles se glissent aussi dans la fourrure de
nos animaux domestiques, tels que les lapins,
les chats et les chiens, et font même la guerre
à quelques oiseaux, tels que les hirondelles,
les pigeons et les poules. On a pu remarquer
quelquefois à la campagne de quelle quantité
de ces animaux on est couvert lorsqu'on entre dans un colombier ou dans un poulailler.

On est souvent dans l'usage de baigner les
animaux pour détruire ces insectes ; mais on
se trompe fort si l'on croit y parvenir par ce
moyen ; car il a été prouvé que des puces
pouvaient fort bien vivre après avoir été
tenues sous l'eau pendant vingt-deux heures.
Des femelles pleines d'œufs ont péri à cette
épreuve, mais elles ont subi jusqu'à onze
heures d'immersion sans souffrir.

Une infinité de moyens ont été préconisés
et employés pour se débarrasser de ces insectes incommodes. On a eu recours à des
plantes d'une odeur forte et pénétrante, telles
que la sariette et le pouillet que l'on mettait
dans les appartements. Quelques personnes
ont employé de l'eau bouillante dans laquelle
on avait mis du mercure et que l'on répan-
dait dans la chambre, ou à un onguent mer-
curiel. Mais le meilleur moyen de prévenir le
séjour de ces hôtes est, sans contredit, la
propreté, ou la précaution d'exposer, vers la
fin de l'automne ou au commencement du
printemps, à une chaleur assez forte, les meu-
bles qui pourraient recéler leurs œufs.

La force des puces est une des circonstances les plus curieuses de leur existence. Une
puce peut trainer, assure-t-on, un poids cent
fois plus lourd qu'elle. On sait aussi que cette

force a été l'objet de l'industrie des gens qui font métier de montrer des curiosités. Mouffet rapporte qu'un ouvrier anglais avait une chaîne de la longueur du doigt, avec un cadenas fermant à clé : une puce, attachée à cette chaîne, la traînait avec facilité. La chaîne et la puce ensemble pesaient à peine un grain. D'après ce que raconte Hoock, un autre mécanicien anglais avait construit en ivoire un carrosse à six chevaux, un cocher sur le siége avec un chien entre les jambes, un postillon, quatre personnes dans le carrosse et quatre laquais derrière, et tout l'équipage était mis en mouvement et traîné par une puce.

Les puces constituent à elles seules un genre et un ordre dont le groupe est entièrement caractérisé par une bouche en suçoir, composée, comme nous l'avons vu, de trois pièces, renfermées entre deux lames qui, en se rapprochant, forment une trompe ou un bec cylindrique ou conique.

Cet ordre d'insectes porte le nom de *suceurs.*

CHAPITRE VI.

INSECTES COLÉOPTÈRES.

LES CARABES.

Ici se présente un premier genre de cette variété immense d'insectes qui portent sur leur dos deux sortes de fausses ailes, ou d'étuis assez solides recouvrant quelquefois d'autres ailes, étuis que l'on voit chez les hannetons ou chez d'autres insectes analogues, que les naturalistes ont désigné du nom d'*élytres*.

Si l'on prend un insecte à six pattes, quel qu'il soit, et qu'on examine sa bouche, on la trouvera toujours composée de six pièces principales, dont quatre sont sur les côtés, deux à gauche, deux à droite, et se mouvant dans ce sens. Les deux autres pièces sont situées l'une au-dessus et l'autre au-dessous. La première des deux paires de pièces latérales porte le nom de *mandibules,* et la paire située au-dessous d'elle, celui de *mâchoires.* La pièce impaire du dessus de la bouche est la lèvre supérieure appelée *labre,* et la pièce du dessous, ou lèvre inférieure, porte plus spécialement le nom de *lèvre.* On y distingue deux parties, l'une au-dessus, qu'on nomme *languette ;* l'autre au-dessous, et plus dure, qui s'appelle le *menton.* Ces diverses parties portent des *palpes* ou *antennules* fort diversifiées selon les différentes sortes d'insectes. Il est très-nécessaire de s'arrêter à ces observations et de ne pas les oublier, car les parties qui composent la bouche des insectes fournissent des caractères de premier ordre dans la distinction des genres adoptés par les naturalistes.

Les carabes ont pour caractères génériques des mâchoires terminées simplement en pointe ou en crochet, sans autre pièce à son extrémité. Des mandibules peu dentelées, une languette saillante, les palpes des lèvres n'offrant que trois articles ; beaucoup enfin sont privés d'ailes et n'ont que des élytres. Le plus grand nombre de ces animaux répand une odeur fétide, et laisse échapper par la bouche, en même temps que par l'anus, un liquide âcre et caustique qui, dans quelques-uns, sort avec bruit sous forme de fumée blanchâtre.

Ces animaux sont d'assez grande taille ; leur corps est alongé et convexe, leur tête assez large, arrondie en devant. Le corselet est presque carré, bien distinct, de même que la tête et l'abdomen, qui est ovalaire. Les pattes sont longues.

Les carabes sont des insectes ornés souvent des plus brillantes couleurs. On en rencontre dans les régions septentrionales de l'Asie et de l'Amérique, et très-communément dans le nord de l'Europe et dans les environs de Paris. Ils se tiennent pendant le jour, surtout au moment de la plus grande chaleur, sous les pierres, sous la mousse, sous les écorces d'arbres, ou bien dans la terre. Tous sont fort agiles à la course ; ils sont carnassiers, et se nourrissent des larves d'autres insectes. Ils sont sujets à la métamorphose, et ils passent par les trois phases que nous avons indiquées au sujet de la puce : celle de *larve*, de *nymphe* et d'*insecte parfait*.

Ce genre est un des plus considérables quant au nombre des espèces ; il a été démembré plus ou moins par différents naturalistes, pour constituer des genres nouveaux. Il était surtout nombreux tel que l'avait créé Linné ; et encore aujourd'hui, tout restreint qu'il est, il ne renferme pas moins de cent-trois sous-genres, qui contiennent eux-mêmes de nombreuses espèces, dans la partie du règne animal de Cuvier, rédigée par Latreille.

LES CICINDÈLES.

Le caractère qui distingue les *cicindèles* des précédents, est d'avoir au bout des mâchoires un onglet qui s'articule par la base avec elles. Ces insectes ont cependant beaucoup de rapports avec les carabes ; comme eux, ils ont les antennes filiformes et les palpes au nombre de six. Malgré cela, il existe dans les cicindèles des différences notables quant à leur forme générale. La tête est grosse, les yeux sont gros aussi, le corselet est à peu près de la même longueur que la tête, presque cylindrique ; les élytres sont coriaces, plus larges que le corselet, et recouvrant des ailes membraneuses qui sont situées au-dessous. Les pattes, au nombre de six, comme chez tous les insectes dont nous allons nous occuper désormais, sont longues, grêles, et terminées par des tarses très-déliés.

On voit le corps de ces animaux briller d'un éclat métallique, tirant sur le vert ou sur le brun ; ils volent avec une grande légèreté, quoique leur vol ne soit pas de longue durée. Ils sont carnassiers et voraces ; on les rencontre dans les lieux sabloneux, exposés au soleil, où ils cherchent leur proie ; lorsqu'on les saisit, beaucoup exhalent une odeur souvent agréable, musquée, ou comparable à celle de la rose ; tous sont sujets à la métamorphose. La plupart des espèces sont exotiques ; celles qu'on rencontre dans nos climats sont les suivantes :

1° La *cicindèle champêtre*, commune dans les environs de Paris ; son corps, long de huit lignes, est vert métallique, terne en dessus ; ses élytres sont marquées chacune de cinq points blancs ; les antennes et les pattes sont cuivreuses.

2° La *cicindèle sylvatique*, un peu plus grande que la précédente, à élytres raboteuses et comme taillées à facettes, marquées d'une tache en croissant à la base extérieure, d'une bande ondulée interrrompue à la suture, et d'un point arrondi vers l'extrémité, de couleur blanchâtre. On la trouve dans le midi de la France, à Fontainebleau et en Allemagne.

3º La *cicindèle hybride*, de même grandeur que la première, ayant une tache blanche à la base extérieure de chaque élytre, une autre à l'extrémité et une bande sinueuse vers le milieu, interrompue à la suture des élytres. Cette espèce est très-commune.

4º La *cicindèle littorale*, que l'on trouve sur les bords de la mer, dans le midi de la France et en Espagne.

LES DYTIQUES.

Ces insectes habitent les eaux douces et dormantes. Leur corps présente une forme ovale, dans laquelle les trois parties semblent moins séparées que dans les précédents. La tête, quoique assez grosse, est un peu enfoncée dans le corselet ; les yeux sont très-gros, arrondis, saillants ; le corselet est plus large que long et se distingue peu des élytres, qui sont dures et de toute la longueur de l'abdomen ; les pattes sont de longueur moyenne, les premières plus courtes que les suivantes, et les dernières terminées le plus souvent par un tarse aplati allant en pointe.

Les dytiques ne demeurent pas constamment dans l'eau ; ils viennent à sa surface pour y respirer, ou ils en sortent le soir et vont courir sur la terre et voler dans l'air. Ils s'élancent sur les autres insectes et sur les vers aquatiques, auxquels ils font une chasse continuelle ; ils les saisissent avec leurs pattes de devant et les portent à leur bouche comme avec des mains, pour les dévorer.

La première période de la vie de ces insectes se passe, sinon avec d'autres mœurs, du moins avec d'autres formes. Leurs larves sont aquatiques ; elles ont le corps long, mince, ayant quelque ressemblance avec celui des demoiselles qu'on voit voler sur les bords des étangs ou le long des ruisseaux. Il est formé de onze à douze anneaux recouverts d'une plaque écailleuse, et dont les deux derniers se terminent par une frange de poils flottants de chaque côté, avec laquelle l'animal pousse l'eau et fait avancer son corps. La tête est grande, ovale, et attachée au corselet par un cou ; les trois premiers anneaux portent chacun une paire de pattes assez longues.

Les larves se nourrissent d'autres larves, provenant d'insectes plus petits, telles que celles des cousins et des libellules.

Suivant Rœsel, les œufs des dytiques éclosent dix à douze jours après la ponte. Au bout de quatre à cinq jours, la larve a déjà quatre à cinq lignes de long, et elle mue pour la première fois. Le second changement de peau a lieu au bout d'un intervalle de même durée, et l'animal est une fois plus grand; la longueur de deux pouces est le terme de son accroissement.

Lorsque le temps de la transformation est venu, la larve quitte l'eau et va s'enfoncer dans la terre qui borde les marais et les ruisseaux, et elle se ménage une cavité en forme de coque, dans laquelle elle se change en nymphe, et au bout de peu de temps l'insecte en sort dans son état parfait.

Parmi les espèces fort nombreuses de ce genre, nous citerons les suivantes :

1° Le *dytique large*, d'un pouce et demi de long, dont les étuis ou élytres sont larges, aplatis et jaunes sur les bords.

2° Le *dytique bordé*, d'un quart plus petit, ayant une bordure jaunâtre autour du corselet et sur le bord des étuis.

3° Le *dytique de Rœsel*, plus étroit, plus ovale et plus déprimé.

4° Le *dytique à antennes en scie*, dont les antennes, en effet, chez le mâle, se terminent par une masse comprimée et dentée en scie.

LES GYRINS.

Nous rencontrons encore ici des insectes aquatiques que l'on voit, depuis les premiers jours du printemps jusqu'à la fin de l'automne, à la surface des eaux dormantes, et même de celles de la mer. On leur a souvent donné le nom de *tourniquets* ou de *puces aquatiques*, car ils se meuvent avec la plus grande agilité en exécutant mille tours.

Les caractères qui distinguent ce genre son les suivants : des antennes en massue, plus courtes que la tête ; les deux premières pattes longues, avancées en forme de bras, et les quatre autres aplaties, larges et leur servant de nageoires, les premières étant destinées à saisir leur proie, car ces animaux sont tous carnassiers.

Lorsqu'on veut prendre les gyrins, ils font suinter de leur corps une liqueur laiteuse qui se répand sur lui, et qui, sans doute, produit cette odeur désagréable et pénétrante qu'ils exhalent alors, et qui se conserve long-temps aux doigts.

Leurs larves ont le corps alongé, divisé en treize anneaux, ayant trois paires de pattes ; la tête est ovale, armée de deux fortes mandibules cornées et de deux petites antennes. Lors de la métamorphose, cette larve sort de l'eau et vient former sur les roseaux un cocon ovale, assez semblable à du papier gris, que l'insecte parfait perce ensuite pour sauter dans l'eau.

LES BUPRESTES.

Geoffroy, frappé de l'éclat et du brillant des couleurs qui ornent ces insectes, leur donna le nom français de *richards*, qui n'a pas prévalu sur la dénomination latine de *buprestis*. Leur corps est de forme ovale ; ils portent deux yeux de forme ovale aussi, et des antennes en scie ; le corselet est court et large, l'extrémité des élytres est plus ou moins dentée dans quelques espèces. Leurs pattes sont courtes.

Rien n'est plus beau et plus brillant que les reflets d'or et d'azur, et quelquefois des mille nuances métalliques qui jaillissent sur fonds d'émeraude. C'est dans les forêts que les grandes espèces de ces animaux, presque tous étrangers à nos contrées et habitant les climats les plus ardents, se montrent dans les temps chauds et secs, tandis que les espèces plus petites viennent briller comme des pierres précieuses sur de jeunes plantes et sur des fleurs auxquelles elles mêlent leur éclat. Lorsqu'on veut les prendre, ou qu'ils craignent quelque danger, ils n'ont pas d'autre moyen de défense que de se laisser tomber dans l'herbe.

Ce genre remarquable renferme plus de deux cents espèces de ces insectes, tous également brillants et variés. Les larves ne sont pas connues.

LES TAUPINS.

Les *taupins*, appelés aussi *scarabées à ressort*, ont une forme bien plus alongée que les *buprestes*, leurs couleurs sont plus ternes, et ils offrent cette particularité que leur corselet se termine en pointe à ses angles postérieurs.

Mais ce qui les distingue surtout, c'est la faculté qu'ils ont, lorsque, par un accident quelconque, ils viennent à être renversés sur le dos, de s'élancer en l'air par un mouvement de détente de leur corselet, et de retomber ensuite dans leur position naturelle. Nous venons de voir que le corselet se termine par deux pointes, celles-ci, étant situées sur les côtés, ne permettent qu'un seul mouvement au corselet, sa flexion de haut en bas. En dessous du corselet, et sur le bord inférieur de la pièce qui porte la paire de pattes du milieu, s'avance une longue pointe de substance cornée, qui est reçue dans une cavité correspondante, creusée dans la pièce qui suit et qui porte la troisième paire de pattes. Quand le taupin est renversé, il fléchit fortement son corps en arrière, et la pointe de devant sort pour s'appuyer sur le bord de son trou ; mais aussitôt l'animal fait un effort en sens contraire, il appuie sur cette pointe qui retombe dans sa cavité comme par un mouvement de ressort, et le dos, la tête et les élytres frappant vivement sur le sol, lancent le taupin qui retombe dans sa position normale. Si, au contraire, on le tient dans ses doigts par les élytres et l'abdomen, il exécute le même mouvement, et l'on peut en observer ie mécanisme.

Nous n'ajouterons rien à ces considérations, sinon que ce genre est fort nombreux en espèces, et que, parmi elles, deux surtout sont remarquables : le *taupin lumineux* et le *taupin phosphorique* qui répandent la nuit une lueur verdâtre.

LES CÉBRIONS.

Nous nous contenterons de signaler seulement ces animaux propres à l'Europe et qu'on voit souvent en grand nombre après les pluies d'orage. Leur corps est oblong, les antennes quelquefois en forme de scie, d'autrefois en forme de peigne ; les angles du corselet, terminées en pointe aiguë comme chez les taupins, et les mandibules en crochets. Ces insectes n'ont pas, comme les précédents, la faculté de sauter, et un des points remarquables de leur genre, c'est que le mâle et la femelle diffèrent tellement l'un de l'autre que depuis peu de temps seulement, on a reconnu que ces animaux appartiennent à un seul et même genre.

LES VERS-LUISANTS.

Ceux-ci sont à peu près connus de tout le monde à cause de l'éclat phosphorique qu'ils répandent la nuit, sous l'herbe ou dans les buissons où ils se cachent. Ils sont également très-connus sous ce nom de *vers-luisants,* que la science n'adopte pas et qu'elle a échangé contre celui de *lampyres,* que les Grecs donnaient à tous les insectes lumineux pendant la nuit.

Il ne faut pas croire, cependant, que cette propriété soit exclusivement applicable aux individus de ce groupe. La larve, dont la tête est petite, ovale, munie de deux dents aiguës, le corps muni de six pattes et composé de douze anneaux, est douée de la faculté de répandre la lumière. Cette larve, après sa transformation par l'état de nymphe en insecte parfait, si elle produit une femelle, conserve la plus grande ressemblance avec l'état de larve, et la propriété lumineuse très-prononcée. Si, au contraire, un mâle est né de la métamorphose, celui-ci est orné d'antennes plumeuses, ou en forme de scie, de palpes

maxillaires assez longs, d'yeux grands et globuleux, d'un corselet en forme demi-circu-
laire, plate, se prolongeant de manière à recouvrir la tête ; d'ailes et d'élytres aussi longs
que le corps, mais le plus souvent il est privé
de l'éclat phosphorique.

La partie lumineuse de ces animaux est située au-dessous du ventre où elle forme une
tache plus claire, occupant deux ou trois anneaux. Cette propriété a aussi été l'objet de
l'attention et des recherches des savants ;
Caradore a fait des expériences sur le ver-
luisant d'Italie, et Tréviranus a observé plusieurs espèces de ce genre. Il résulte de toutes
ces observations, que les vers-luisants vivent
très long-temps dans le vide et dans différents
gaz, excepté dans le gaz acide nitreux, mu-
riatique et sulfureux, dans lesquels ils meurent en peu de minutes. Leur séjour dans le
gaz hydrogène produit quelquefois une déto-
nation. Si on mutile ces animaux, qu'on les
prive de la partie lumineuse de leur corps,
ils continuent encore à vivre, et la partie
séparée conserve elle-même quelque temps sa
propriété lumineuse, soit qu'on la soumette à
l'action des différents gaz, dans le vide
ou à l'air libre. Il paraît que la phosphores-
cence dépend plutôt de l'état de mollesse de la

matière qui la produit, que de l'état de vie de l'insecte lui-même, car on peut la faire renaître, quand elle est éteinte, en la ramollissant dans l'eau. Les vers-luisants brillent vivement dans l'eau tiède et s'éteignent dans l'eau froide; il paraît que ce liquide est le seul agent dissolvant de la matière phosphorique.

Tous ces animaux sont nocturnes. Pendant le jour, ils restent cachés sous l'herbe; mais le soir, après le coucher du soleil, ils commencent à se montrer, et les mâles, qui seuls peuvent voler dans nos climats, sont alors avertis de la présence de leurs femelles par l'éclat qu'elles répandent autour d'elles. Les pays chauds, l'Amérique et même l'Italie et les contrées de la France qui l'avoisinent, offrent quelquefois, dans leurs belles soirées, un spectacle curieux aux voyageurs étonnés. Là, les deux sexes sont ailés et phosphorescents; ils se répandent dans l'air en longues phalanges lumineuses, se croisent de mille manières en feux follets, ou éclairent les arbres d'une mouvante illumination. Les habitants du pays, et surtout les enfants, ne manquent pas de se faire un jeu de ces brillants insectes, en les prenant en grand nombre et en les enfermant dans des prisons plus ou moins transparentes qui deviennent resplendissantes dans l'obscurité.

LES PTINES.

Voici leur signalement : corps cylindrique court ; tête petite, yeux saillants, antennes fi iformes, longues, surtout dans les mâles, insérées entre les yeux et composées de onze articles. Mandibules arquées, palpes inégaux, partie antérieure du corselet s'avançant en forme de capuchon, comme pour abriter la tête ; élytres convexes un peu cylindriques, pattes assez longues.

Les ptines sont de petite taille, leurs larves ont six pattes terminées par un crochet ; leur corps est mou, ridé, un peu velu ; les segments en sont peu distincts. Elles se nourrissent de bois, détruisent les pelleteries et les animaux desséchés que l'on conserve dans les collections.

LES LIME-BOIS.

Leur nom indique assez que ces animaux se rapprochent beaucoup des précédents par leurs mœurs; ce sont, en effet, leurs larves qui causent les plus grands dommages aux *pièces de bois* que l'on emploie aux grandes constructions. Ils vivent en grand nombre dans les forêts de chênes du nord de l'Europe.

L'insecte parfait se distingue par des palpes très-longs, formant un bouquet. La tête large, les antennes en forme de fuseau, le corselet plus étroit, l'abdomen très-long et très-mince ; les ailes et les élytres sont très-longs.

LES CLAIRONS.

Les clairons se distinguent par un corselet étroit, une tête ne dépassant guère le corselet en largeur, et le reste du corps plus ample , ainsi que les élytres, au-dessous desquelles se trouvent deux ailes. Les antennes qui ornent leur tête sont délicates et dentées , quelquefois plus renflées à leur sommet, et leur corps est souvent revêtu d'un duvet poilu, orné des couleurs les plus vives et les plus variées , disposées par bandes transversales sur les élytres.

Ils sont fort agiles et volent avec facilité , puis se reposent sur les fleurs ou sur diverses plantes, où on les trouve ordinairement.

Lorsqu'on veut les prendre, leur seule défense est leur timidité ; ils inclinent la tête et se replient sur eux-mêmes, comme s'ils étaient morts, jusqu'à ce que le danger qu'ils appréhendent soit entièrement passé.

LES ESCARBOTS.

Si les *clairons* sont sveltes, les *escarbots* au contraire sont plus ou moins carrés, et quelquefois globuleux : leurs mœurs sont également ment abjectes ; ils se plaisent uniquement dans les bouses, les fiantes et les charrognes, dans les tueries et sur le sang qui y est desséché. Leurs caractères génériques consistent surtout en ce que leurs quatre pattes postérieures sont plus écartées entre elles à leur origine que les deux antérieures. Leurs pieds sont aussi contractiles, et le côté extérieur des jambes est épineux. Les antennes sont coudées, et terminées en une massue solide ou composée d'articles très-serrés, les mandibules fortes et les palpes très-fins.

Leurs larves ont à peu près les habitudes de l'insecte parfait, et celui-ci, que l'on rencontre partout avec sa peau cornée, noirâtre ou bronzée, est trop connu pour que nous devions insister davantage sur sa description.

LES BOUCLIERS.

Les *boucliers* s'éloignent si peu, pour la forme, des *escarbots*, que Fabricius les confondait avec ces derniers. Leur forme est, en général, ovale, quelquefois un peu carrée, avec des élytres tronquées; les antennes se terminent par une massue courte et solide, et les jambes sont dentées.

Ces insectes, nombreux en espèces, et communs dans les environs de Paris, sont essentiellement carnassiers; ils attaquent les chenilles, ou plutôt ils préfèrent les cadavres en putréfaction et les excréments à toute autre nourriture; aussi les trouve-t-on dans tous les lieux où ces matières se rencontrent. Ils répandent une odeur très-désagréable, qui paraît être due à leur genre de nourriture. Lorsqu'on les saisit, ils laissent sortir par la bouche et par l'anus un liquide noir et épais qui est sans doute fourni par quelques glandes de ces orifices.

Les larves ont six pattes; le corps aplati est formé de six anneaux, leur tête, petite, porte des antennes et des mâchoires très-

fortes. Elles recherchent le même genre de
nourriture, et s'enfoncent dans la terre pour
la métamorphose.

LES DERMESTES.

Leur forme est ovale et couverte de petites
écailles ou de poils qui tiennent peu, et qui
sont diversement colorés. Leur tête est enfoncée dans le corselet jusqu'aux yeux, les
antennes extrêmement courtes; mais le caractère le plus particulier de ce genre, est de ne
pouvoir complètement contracter les pattes
contre le corps, les tarses restent toujours libres. Le nom de *dermeste*, dérivé de *derme*,
leur est acquis par les ravages qu'eux ou leurs
larves font sur la peau des fourrures, et dans
les collections. On les a également, à cause de
cela, appelés *disséqueurs*.

LES BYRRHES.

On les distingue des précédents, en ce que
leurs pieds sont entièrement contractiles, et
s'appliquent entièrement sur le dessous du
corps; leurs jambes diffèrent encore en **ce**

qu'elles sont larges et aplaties, tandis que les dermestes les ont étroites et alongées.

Leurs habitudes diffèrent aussi ; ils vivent ordinairement sur les arbres, ou à terre dans les chemins et les lieux sabloneux.

LES HYDROPHILES.

Les anciens naturalistes les confondaient avec les *dytiques*, sous la dénomination commune de *scarabées d'eau* ou de *scarabées aquatiques*. Geoffroy fut le premier qui les distingua, et les appela *hydrophiles*, c'est-à-dire *qui aiment l'eau.*

Le corps de ces insectes est ovale et bombé ; leurs mâchoires sont cornées, et les pieds propres à la natation et fortement aplatis.

Ces animaux vivent constamment dans l'eau, mais ils ont besoin cependant de venir souvent respirer l'air à la surface. Ils font leur proie de divers insectes aquatiques, mais ils ne se bornent pas à ce genre de nourriture ; ils mangent aussi des plantes aquatiques.

Les femelles des hydrophiles sont pourvues, au dernier anneau de leur abdomen, de filières qui fournissent une soie argentée, dont elles forment un cocon ou une sorte de

nid, dans lequel elles pondent leurs œufs.
Elles attachent quelquefois cette coque aux
tiges ou aux branches qui se courbent dans
l'eau ; d'autrefois on en voit flotter d'autres
librement, dans lesquels on trouve de jeunes
larves d'hydrophiles nouvellement écloses.
Celles-ci ne tardent pas à gagner le fond de
l'eau, et elles sont si voraces, qu'elles attaquent déjà tous les insectes et les petits animaux qu'elles rencontrent.

L'espèce connue sous le nom d'*hydrophile
brun* est la plus connue, et se trouve partout.
Sa longueur est d'environ un pouce, sa couleur est d'un noir olivâtre. Cet hydrophile
nage et vole très-bien, mais il marche mal. Sa
larve est aplatie, noirâtre, ridée, avec la tête
d'un brun rougeâtre.

LES SCARABÉES.

Autrefois sous cette dénomination, qui paraît dériver du grec, et signifie *fouiller*, on
comprenait beaucoup d'insectes, plus ou moins
semblables à ceux dont il s'agit, et qui en ont
été distingués aujourd'hui.

Les scarabées ont le corps épais, convexe

et même assez arrondi, leur tête n'offre guère qu'un petit avancement pointu sur le devant ; le côté extérieur des mandibules est sinueux ou denté.

Ces animaux vivent dans l'air ; ils déposent leurs œufs dans les arbres dont la substance ligneuse est plus ou moins décomposée, afin que leurs larves puissent s'en nourrir. Les pays étrangers en possèdent un très-grand nombre d'espèces ; mais l'Europe n'en a que deux ou trois. Nous citerons les suivantes seulement.

1° Le *scarabée hercule*, propre aux Antilles, à Cayenne et à Surinam ; il est remarquable par sa grosseur ; son corps a près de cinq pouces de long ; il est noir, avec les étuis d'un gris verdâtre, mouchetés de noir ; le mâle a sur la tête une corne recourbée et dentée, et une autre longue, avancée, velue en dessous, avec une dent de chaque côté, sur le corselet. On l'a quelquefois nommé *taureau-volant*.

2° Le *scarabée branchu*, de couleur brun-marron, ayant une grande corne fourchue et à branches divisées en deux sur la tête ; une autre plus petite sur le corselet. Il est propre aux Indes-Orientales.

3° Le *scarabée longs-bras*, brun-fauve, sans cornes, les pieds antérieurs de moitié plus

longs que le corps, habitant les mêmes contrées.

4° Le *scarabée pointillé*, qu'on trouve en
France, dont le corps est noir, pointillé, sans
cornes, mais la tête présentant à son bord
antérieur une sorte de dent relevée de chaque
côté, et deux tubercules vers son milieu.

LES HANNETONS.

Les caractères de ces animaux fort connus
sont d'avoir le corps moins convexe et moins
arrondi que les précédents, et la tête, au lieu
de ne former qu'un petit avancement pointu
en devant, présentant un chaperon très-dis-
tinct en une sorte de carré large. Les naturalistes les caractérisent plus particulièrement
par des antennes composées de deux articles,
terminées en massues lamellées, des mâchoires cornées, le dernier article des palpes
ovalaire, le corselet court, l'abdomen alongé,
et terminé par une pointe en forme de queue.

La vie des hannetons, comme celle de tous
les insectes, commence par l'état de larves.

Celles-ci sont très-connues sous le nom de *vers blancs* ou de *mans;* elles sont molles, alongées, ridées et d'un blanc sale un peu jaunâtre. L'extrémité postérieure de leurs corps est courbée en dessous, et les excréments dont elle est remplie leur donnent une teinte violette ou cendrée. Ces larves ont une tête grosse et écailleuse, deux antennes composées de cinq pièces et neuf stigmates de chaque côté; les yeux qu'elles auront un jour sont cachés sous les enveloppes dont elles doivent se débarrasser. Elles ont six pattes écailleuses, et leur corps est composé de treize anneaux. Elles vivent deux, trois et même quatre ans dans la terre, et changent de peau une fois par année, au commencement du printemps. Quand elles ont pris tout leur accroissement, elles s'enfoncent à la profondeur d'un ou deux pieds, cessent de manger, se construisent une loge très-unie, qu'elles tapissent de leurs excréments et de quelques fils de soie, se raccourcissent, se gonflent et se changent en nymphes, dans lesquelles les parties de l'insecte parfait se dessinent exactement sous l'enveloppe générale qui les recouvre. C'est en février et en mars que les hannetons quittent leur enveloppe; ils percent alors leur coque, et en sortent sous leur dernière forme, mais extrêmement mous et faibles ; ils restent encore quelques jours sous terre, s'approchent peu à peu de la surface, et finissent par paraître au-dehors quand ils y sont invités par un beau temps.

Alors commence une nouvelle et dernière phase de leur existence, qui est tout-à-fait éphémère ; à peine le hanneton parfait a-t-il une semaine à vivre, et l'espèce entière ne dure guère qu'un mois, du moins en grande quantité. Aussi, l'animal cherche-t-il à remplir rapidement le peu de temps qu'il a à vivre ; déjà, presqu'au sortir de la terre, il est en état de s'accoupler, et si pendant le jour il reste immobile et comme engourdi sur les branches et sur les feuilles des arbres, il sait s'en dédommager après le coucher du soleil. Alors il poursuit sa femelle, ou il va chercher bruyamment sa nourriture ; il vole inconsidérément, en bourdonnant, d'un arbre à l'autre, se heurtant au hasard sur tous les objets qu'il rencontre.

Les hannetons ne sont ni carnassiers ni avides d'une nourriture immonde, comme la plupart des insectes dont nous avons déjà parlé ; ils se contentent de végétaux, mais aussi leurs déprédations causent elles les plus grands dommages dans les campagnes. A l'é-

tat de larves, ils détruisent les racines des arbres et des plantes potagères ; à l'état d'insectes
parfaits, ils rongent les bourgeons et les feuilles
des arbres qu'ils dépouillent quelquefois entièrement. Des moyens ont dû être employés
pour prévenir des dégâts extrêmement considérables, lorsque la saison est favorable à ces
espèces destructives. Quelques-uns se contentent, lorsqu'on ouvre le sein de la terre avec
la charrue, et que les larves se trouvent à découvert, de les ramasser et de les anéantir ;
d'autres attaquent l'insecte parfait dans le
jour, pendant son repos, en le suffoquant sur
les arbres et dans les buissons, au moyen de
torches de soufre et de résine enflammées. Ils
tombent alors, et on les rassemble en tas
pour les brûler.

L'homme n'est pas le seul ennemi que le
hanneton ait à craindre : les oiseaux de basse-
cour, les oiseaux nocturnes et de proie leur
font la chasse, et plusieurs quadrupèdes, tels
que les belettes, les rats, les fouines et les
blaireaux, leur déclarent la guerre et s'en
nourrissent sous leurs différentes formes.

Le genre hanneton, quoiqu'étant déjà un
démembrement du groupe des scarabées,
avec lesquels on le confondait autrefois, ne
renferme pas moins un grand nombre

d'espèces groupées encore en plusieurs sous-
genres par les naturalistes. Nous en citerons
quelques-unes seulement.

1° Le *hanneton foulon* ; il est le plus grand
de ceux qu'on trouve dans nos climats. Il est
long de seize lignes, d'un brun noir avec des
mouchetures blanches formées par un petit
duvet ; son ventre est cendré. On ne le trouve
que sur les bords de la mer.

2° Le *hanneton vulgaire* ; il est noir ; ses antennes, ses élytres et ses pattes sont d'un bai
rougeâtre ; sa poitrine est d'un gris cotonneux ;
les bords de l'abdomen ont une rangée de
taches blanches triangulaires.

3° Le *hanneton cotonneux* ; il est brun
foncé ; le corselet a trois lignes courtes, grises,
formées par un duvet ; tout le dessus est
également couvert de duvet ; il est assez
commun aux environs de Paris.

4° Le *hanneton estival* ; il est d'un roux jaunâtre pâle ; sa poitrine est couverte d'un coton
gris jaunâtre : il est commun dans nos contrées vers le milieu de l'été.

Enfin, on trouve encore les hannetons
*solsticial, variable, champêtre, de la vigne,
sub-épineux, roussâtre,* etc., etc.

LES LUCANES.

On pense que le nom de *lucane* vient de l'ancienne dénomination du bœuf et de l'éléphant, *lucana*. Ces insectes, que l'on confondait autrefois avec les scarabées, se distinguent, en effet, par la grandeur de leur mandibules, que l'on a pu comparer à des cornes de taureaux. Les autres caractères particuliers à cette sorte de scarabées cornus, sont l'absence du labre, une languette divisée, un menton très-avancé. Du reste, ces animaux ont la plus grande ressemblance avec ceux qui précèdent.

Les larves des lucanes sont très-grosses et courbées en arc; elles ont une tête brune, seize anneaux au corps, et six pattes attachées aux trois premiers anneaux.

L'insecte parfait vole, le soir, autour des arbres, dans les forêts de chênes. Quelques espèces vivent dans le midi de la France; mais le p'us grand nombre sont exotiques, et propres aux pays chauds de l'Afrique et de l'Amérique.

Le *lucane cerf-volant*, que l'on trouve dans les forêts de l'Europe, est noir; ses cornes, ou

plutôt ses mandibules, sont fourchues à leur
extrémité, offrant en dedans des saillies aiguës
ou des dents qui leur donnent l'aspect de
cornes de cerf.

LES TÉNÉBRIONS.

Beaucoup de personnes ignorent que ce ver
cylindrique, de couleur jaune, à pattes très-
courtes, qu'on trouve dans la farine, et qu'on
donne en nourriture aux rossignols, est la
larve des *ténébrions*.

Après sa transformation, cette même larve
devient cet insecte d'un brun presque noir
en dessus, marron en dessous, long de six
lignes, à corselet de la largeur de l'abdomen,
à étuis pointillés et striés, que l'on trouve si
fréquemment le soir dans les lieux peu fréquentés de nos habitations, dans les boulangeries, les moulins à farine et les vieux murs.

LES DIAPÈRES.

Les *diapères* vivent, pour la plupart, dans
les champignons des arbres ou sous les écor-

ces. Leur forme est le plus souvent ovale, leur corselet carré, ou plus large que long ; son bord postérieur fait saillie au milieu ; les articles des antennes sont comme enfilés ; ils vont en grossissant vers le bout ; les jambes sont étroites et alongées.

LES HÉLOPS.

Ce sont encore des habitants de l'écorce des arbres, à corps elliptique, très-convexe en dessus, avec des antennes comprimées et dilatées en manière de dents de scie vers leur extrémité ; le corselet transversal, les élytres souvent terminées par une pointe ou par une dent. Le premier segment du thorax fait une saillie pointue qui est reçue dans une échancrure en forme de fourche du segment qui suit.

La plupart des anciens naturalistes confondaient ces insectes avec les ténébrions.

LES CANTHARIDES.

Ces jolis insectes, vert doré, de forme alongée, à tête un peu forte et en forme de cœur, et dont les élytres brillantes sont longues et flexibles, sont surtout caractérisés, comme genre, par les crochets profondément bifides qui terminent leurs tarses.

La larve des cantharides est assez peu connue, quoique l'insecte soit très-commun, pour avoir soulevé des doutes sur son existence; cependant, plusieurs naturalistes disent l'avoir vue, et assurent qu'elle se nourrit de diverses racines, et qu'elle subit dans la terre tous ses changements de forme.

Quant à l'insecte parfait, c'est vers les mois de mai et de juin qu'il se montre, toujours en grand nombre, et particulièrement sur les frênes et sur les lilas dont il dévore les feuilles. L'odeur de ces animaux les décèle ordinairement; lorsqu'on vient à les prendre, ils laissent couler une humeur âcre et corrosive.

L'emploi médical des cantharides, à cause de leur propriété vésicante, est certainement ce qui a le plus contribué à répandre au moins le nom de ces insectes. Quoique ces animaux soient fort communs en France, la plupart de ceux qu'on emploie viennent de l'Espagne ou de l'Italie : c'est une récolte et un objet de commerce assez important. Ordinairement, c'est dans le mois de juin que cette récolte a lieu. Alors, on étend à cet effet des draps sous les frênes, on secoue les branches successivement, et les cantharides tombent dans les draps destinés à les recevoir. Lorsqu'on en a obtenu une assez grande quantité, on les réunit sur un tamis de crin, que l'on expose à la vapeur du vinaigre, ou bien on les rassemble dans une toile assez claire, que l'on trempe plusieurs fois dans un vase contenant du vinaigre étendu d'eau : on les fait ainsi périr. Il ne reste plus qu'à les dessécher, ce à quoi l'on parvient en les exposant à l'ombre, dans un grenier, ou sous un hangar bien aéré, sur des claies recouvertes par de la toile ou du papier gris non collé, et en les remuant, soit avec un petit bâton, soit avec la main, soigneusement recouverte d'un gant.

Les cantharides ayant été soumises à l'analyse chimique, il a été reconnu que leur propriété de former des cloches sur la peau en soulevant l'épiderme, était due à un principe particulier que l'on a extrait, et auquel on a donné le nom de *cantharidine*.

Ces insectes sont assez nombreux en espèces ; on en compte environ une trentaine.

LES CHARANÇONS.

Ce qui signale au premier coup d'œil la nombreuse lignée des charançons, c'est le prolongement antérieur de leur tête en forme de trompe. Ce caractère suffirait même presque seul pour établir leur groupe, si on lui avait conservé l'étendue que lui donnait Linnée. Mais il a été subdivisé depuis, et il se trouve réduit en ce moment, comme genre, aux caractères suivants : le dessous des tarses est, chez presque tous, garni de poils courts et serrés formant des pelotes, et l'avant-dernier article profondément divisé en deux lobes. Leurs antennes sont composées de onze articles, ou même de douze, en comptant le faux article qui les termine quelquefois, et dont les derniers forment une massue.

Le charançon est fort petit et fort commun, son ventre est gros, son corps s'amincit en avant et se termine en pointe à l'extrémité de la trompe, ses pattes sont assez robustes et ses cuisses en forme de massue. Ses mouvements sont lents et son vol très-faible; il ne cherche guère à se soustraire au danger qu'en

contrefaisant le mort, ou quelquefois en sautant assez loin à la manière des puces. Quelques espèces sont même entièrement privées
d'ailes. Quant à la couleur de ces animaux ,
elle varie selon les espèces : elle est quelquefois verte, souvent d'un vert doré brillant,
ou de diverses nuances se rapprochant toujours de l'éclat métallique. Leur nourriture
est toujours végétale, ils se la procurent au
moyen de leur trompe qu'ils enfoncent dans
la substance des plantes pour pouvoir facilement s'en procurer le suc.

Mais c'est surtout à l'état de larves que les
charançons sont dévastateurs. Ce petit ver
s'introduit dans diverses semences, ou dans
certains fruits à coque dure qu'il ronge peu
à peu en se creusant, à mesure qu'il grossit,
une demeure plus ample dans l'intérieur. Là
il subit aussi sa métamorphose. Rien n'est
plus connu que la *calandre* qui ronge le blé
et dévaste nos greniers : c'est une sorte de
charançon qui a été quelquefois séparé du
charançon propre , par les naturalistes,
comme devant former un genre particulier.

Les charançons vivent ordinairement en
sociétés nombreuses; certaines plantes en sont
quelquefois couvertes et entièrement dévorées.
C'est une espèce de charançon qui ronge les

noisettes : l'œuf est déposé sur le fruit encore tendre, et la jeune larve qui en sort, pénètre la coque, s'introduit, ronge l'amande, puis sort pour s'enfoncer dans la terre ou elle construit un cocon et subit sa métamorphose.

Quant à la calandre, qui ronge le blé , elle cause souvent un dommage considérable : elle se multiplie prodigieusement et ne laisse que l'enveloppe, ou le son, dans d'énormes monceaux de grains. Jamais plusieurs larves n'habitent le même grain; chacune occupe le sien, dont elle est unique propriétaire : elle agrandit continuellement sa demeure, s'y change en nymphe et en insecte parfait, et fait ensuite une ouverture pour sortir et se montrer telle qu'elle doit être toute sa vie.

On a calculé qu'un seul couple de ces animaux pouvait avoir, en une seule année, 6045 descendants. On doit juger dès lors des dégàts que peut amener une telle fécondité ; aussi, a-t-on cherché tous les moyens de détruire cette race malfaisante. Les fumigations de substances végétales fortes , de soufre, etc., n'ont guère réussi ; la chaleur a été employée, mais elle dessèche trop les grains, ou elle est insuffisante : l'eau bouillante est le meilleur moyen pour les anéantir. On raconte qu'un propriétaire de Paris employa un stratagème tout particulier et fort original. Vers le mois de juin, quand ses greniers et ses granges, qui avaient été grandement infestés par les charançons, se trouvaient vides, il fit ramasser plusieurs fourmilières dans des sacs, et les fit placer ensuite en différents endroits de ses greniers et de ses granges. Aussitôt, les fourmis attaquèrent les charançons, qui se trouvaient sur les murs, ou partout ailleurs, et les détruisirent si complètement, qu'en très-peu de temps on n'en vit plus un seul. Depuis cette époque ils n'ont plus reparu.

LES TROGOSITES.

On connaît en Provence, sous le nom de *cadelle*, un de ces *trogosites* qui rongent le bois, les écorces des arbres, les vieux bois, les noix ou même les grains de blé. C'est la larve de l'insecte qui produit ces ravages, semblable en cela à celle des charançons, mais différant sous ce rapport qu'elle ne vit pas dans l'intérieur du grain. Elle ne le ronge qu'à l'extérieur, et elle passe d'un grain à l'autre, de sorte qu'elle cause beaucoup plus de dégâts, que celle des animaux précédents, à laquelle un seul grain suffit pour se nourrir jusqu'à ce qu'elle se change en nymphe.

L'insecte parfait est de petite taille, son corps est alongé et aplati; ses antennes terminées en massue comprimée et un peu dentée en scie. Le corselet est grand, presque en forme de cœur, séparé de l'abdomen par un étranglement ; la tête et le corselet sont de la longueur des élytres, les pattes sont courtes.

Sous cette dernière forme, le trogosite n'attaque point le blé ; il paraît au contraire qu'il est carnassier, qu'il fait la chasse aux teignes du blé et qu'il les dévore. Une autre observation qui le prouve encore, c'est que plusieurs de ces insectes ayant été renfermés ensemble, avec du blé, n'y ont pas touché, et ont été trouvés le lendemain privés de pattes et d'antennes.

LES CUCUJES.

Ces petits insectes ressemblent assez aux précédents pour leurs mœurs ; ils vivent tous de l'écorce des arbres dans les grandes forêts du nord de l'Europe et de l'Amérique.

Leur corps est alongé, plat, également large partout ; leurs antennes, au lieu d'être en massue, sont égales et déliées comme un fil.

LES CAPRICORNES.

Les capricornes sont remarquables par la longueur de leur corselet qui égale presque la moitié de celle des élytres ; sa surface est quelquefois unie et souvent inégale et tuberculeuse. Les antennes sont longues et semblables à des soies, environnées à leur base par des yeux alongés et en forme de croissant. Les tarses de leurs pattes ont leurs trois premiers articles garnis de brosses, le premier et le second en cœur, le troisième bilobé, et un petit renflement à l'origine du dernier. Les couleurs dont ces insectes sont parés sont très-vives et très-variées.

Les larves de ces animaux habitent l'écorce des arbres, dans les forêts de l'Europe et de l'Amérique, et préfèrent particulièrement les chênes. A l'état d'insecte parfait, on les rencontre l'été dans les bois tantôt sur le tronc des arbres, tantôt faisant usage de leurs ailes, lorsque le temps est beau et la température élevée. Si on les prend, ils font entendre un bruit aigu que produit le frottement du bord de leur corselet sur une des pièces du thorax.

Ce genre a été établi fort anciennement; il est très-nombreux en espèces.

LES CRIOCÈRES.

Ces criocères, si communs sur diverses plantes, telles que les lys ou les asperges, ressemblent quelque peu, pour la couleur, aux insectes appelés vulgairement *bêtes à bon dieu*, mais leur forme est plus alongée. Le dessous du corps est ordinairement noir et le dessus du corselet rouge, ainsi que les élytres, sur chacune desquelles on voit six points noirs. Leurs yeux sont échancrés, la tête rétrécie postérieurement en forme de cou, et l'abdomen presque carré.

Ces animaux, fort petits, se nourrissent des feuilles de plusieurs plantes, et lorsqu'on les saisit, ils font entendre un bruit analogue à celui des précédents. Parmi les espèces nombreuses qui composent ce genre, les plus connues sont :

1° Le *criocère du lys*, long de trois lignes, dont le corselet et les étuis sont d'un beau rouge. Cette espèce est très-commune sur le lys blanc.

2° Le *criocère de l'asperge*, dont le corps est bleuâtre, le corselet rouge, tantôt sans taches, tantôt en offrant une dans son milieu, bleue et en forme de cœur ; ses étuis sont jaunâtres, mais ayant, le long de la suture, une bande bleue réunie avec trois taches latérales de la même couleur, et formant ainsi une croix.

On trouve aussi sur la même plante une autre espèce dont la couleur est fauve, et qui est marquée de six points noirs sur chaque élytre.

LES HISPES.

Deux espèces seulement de hispes se trouvent en France ; les autres sont propres aux contrées les plus méridionales de l'Amérique. Ces deux espèces sont très-petites ; l'une d'elles, que l'on trouve sur le gramen, est tellement remarquable par les épines dont elle est hérissée, que Geoffroy lui donna le nom de *châtaigne noire*. L'autre, qu'on trouve dans les pays méridionaux de l'Europe, habite une espèce de ciste, appelée ciste de Montpellier.

Leur corps est oblong, la tête entièrement découverte et dégagée ; le corselet en forme de trapèse. Les mandibules ont deux ou trois dents. Les antennes sont déliées et portées en avant.

Ces animaux se nourrissent de différents végétaux sur lesquels on les trouve ordinairement fixés ; ils se laissent tomber , en contractant leurs pattes contre leur corps, lorsqu'on vient à les toucher. Leurs métamorphoses n'ont pas encore été observées.

LES CASSIDES.

On les désigne vulgairement par le nom de *scarabées tortues* , ou simplement *tortues*. La comparaison qu'on en fait avec ces reptiles , donne une idée assez juste de leur forme. En effet, le corselet et les élytres se confondent en une masse ovale et convexe, semblable à une carapace, qui recouvre, protége et déborde le corps de tous les côtés. Ce dernier est étroit et long ; la tête est petite, déprimée, et presque cachée dans la poitrine ; elle porte deux antennes très-fines et très-rapprochées à leur origine.

Les couleurs qui ornent les cassides sont aussi remarquables que leur forme. On voit sur plusieurs espèces, lorsqu'elles sont vivantes, l'or et l'argent briller de l'éclat le plus vif; mais ces couleurs disparaissent après la mort. Cependant, on peut les faire reparaître à volonté, en plongeant l'insecte dans l'eau bouillante pendant quelques minutes.

Ces animaux se nourrissent tous de végétaux : on les rencontre souvent, vers le mois de juillet, sur les chardons et sur les artichauts; ils marchent lentement, et se servent rarement de leurs ailes.

La structure et l'industrie de la larve des cassides sont surtout curieuses à observer. Leur corps est long, aplati, bordé sur les côtés d'appendices épineux ; il est pourvu de six pattes écailleuses terminées par un crochet de couleur brune. La tête est petite, de consistance cornée, et munie de dents. En arrière, le corps se termine par une espèce de fourche ou de longue pince ouverte. Le résultat singulier de cette structure, c'est que les excréments de l'animal tombent et glissent le long des deux branches de cette queue; là ils s'amoncèlent en assez grande quantité, s'empilent peu à peu sur la fourche, se collent les uns contre les autres, et forment insensiblement un toit sous lequel la larve est à l'abri des intempéries de l'air. C'est là, sous cet abri, sous lequel l'animal est libre, qu'ont lieu les différentes mues, et enfin la métamorphose, sans que la formation d'une coque soyeuse soit nécessaire.

LES CHRYSOMÈLES.

Les chrysomèles sont de forme hémisphérique, avec la tête saillante, les antennes simples, de la longueur environ de la moitié du corps, et le plus souvent grenues, grossissant insensiblement. Leur corps est très-petit, mais orné des couleurs métalliques les plus brillantes, variant entre le bleu, le violet, le rouge d'écarlate et le vert doré.

Les espèces de ce genre sont très-fécondes et si communes, qu'elles font des ravages considérables dans les champs et dans les jardins, en dévorant les bourgeons et les feuilles des plantes dont elles se nourrissent; à tel point, que des sociétés savantes ont proposé des prix pour le meilleur moyen de détruire ces insectes.

LES COCCINELLES.

Il n'est presque personne qui ne connaisse

ces petits insectes, semblables, pour la forme, à des demi-sphères, à cause de la convexité de leurs élytres en dessous et de l'aplatissement de la surface inférieure de leur corps. On les désigne vulgairement sous les différents noms de *bête à bon dieu*, de *catherinette*, ou de *bête à la vierge*. On les a encore quelquefois appelés *tortues* à cause de leur forme.

Le dessus de leurs élytres est uni, d'une couleur fauve, jaune ou noire, diversement tigré de couleurs différentes selon les espèces. Souvent la disposition de ces mêmes couleurs offre l'apparence d'une espèce de marquetterie ou de damier. Lorsqu'on saisit ces animaux, ils contractent leurs pattes contre leur corps, et font sortir, par les jointures de leurs cuisses avec les jambes, une humeur mucilagineuse, jaune, d'une odeur forte et désagréable.

Les coccinelles sont des premières à paraître au printemps, d'abord à l'état de larve, à corps plat de douze anneaux alongés, muni de six pattes; elle font leur unique nourriture des pucerons. Lorsque ces larves ont acquis tout leur développement, elles se collent contre une feuille, se dépouillent de leur peau, puis se changent en une nymphe, dont la forme commence à être moins alongée que celle du ver. Enfin, au bout de quelques jours, l'insecte parfait se montre, encore tendre et sans couleurs, mais il acquiert bientôt, au contact de la lumière et de l'air, son brillant et sa force.

Les espèces du genre coccinelle sont fort nombreuses, et tellement semblables entre elles, qu'il est difficile de leur assigner des caractères distinctifs.

GÉNÉRALITÉS SUR LES INSECTES COLÉOPTÈRES.

Nous terminerons ici l'exposition des principaux genres de cette longue série d'insectes, pour la plupart si semblables par l'aspect que leur donnent les étuis ou élytres qui recouvrent leurs ailes. C'est ce dernier caractère , la présence de ces *ailes-étuis*, qui est le plus remarquable, qui a valu au groupe qu'on a formé de ces animaux, le nom de *coléoptères*, tiré de deux mots grecs.

Les coléoptères forment le cinquième ordre dans la grande classe des insectes. Ils sont encore caractérisés par la présence de mandibules et de mâchoires, et par les plis de leurs ailes de dessous, qui sont formés en travers. On a pu se convaincre des rapports qui existent dans l'aspect de tous ces animaux ; chez tous, on distingue les trois parties du corps, la tête, le tronc et l'abdomen bien nettement. Mais, au milieu de tous ces rapports, il a fallu chercher des dissemblances, pour former encore de petits groupes avec les espèces et les genres si nombreux de cet ordre. Chaque naturaliste a pris pour base de ces subdivisions la considération d'organes différents. Fabricius, comme nous l'avons déjà fait observer dans l'introduction de notre premier volume, eut l'idée de classer les insectes d'après la structure de leur bouche, à peu près comme Linnée son maitre avait fondé sa classification du règne végétal sur la seule considération des organes sexuels des plantes. Linnée lui-même, Geoffroy, Olivier, Latreille et Duméril, ont établi des divisions plus ou moins naturelles dans cet ordre, auxquelles il ne faut peut-être guère attribuer d'autre valeur que l'avantage de toute méthode propre à mettre de l'ordre dans les études, et à établir des bases de groupement pour les collections.

Voici comment Geoffroy établissait ses groupes : il avait remarqué que les coléoptères d'un même genre et d'une même famille, ont toujours un nombre égal d'articles aux tarses qui terminent leurs pattes, et que les différences que ces parties présentent sont toujours liées à quelques rapports généraux d'organisation; il eut l'idée de s'en servir pour séparer les coléoptères en quatre sections , comme il suit :

1⁰ Pentamères,

ou ceux qui ont cinq articles à tous les tarses.

2⁰ Hétéromères,

présentant cinq articles aux quatre tarses antérieurs, et quatre seulement aux deux des pattes de derrière.

3⁰ Tétramères,

ayant quatre articles à tous les tarses.

4⁰ Trimères,

dont tous les tarses présentent seulement trois articles.

Latreille, dans la partie du *Règne animal* de Cuvier, qui a été confiée à sa rédaction, a conservé ces quatre divisions principales ; mais il les subdivise encore en un certain nombre de groupes qu'il appelle familles, et dont nous présentons le tableau avec l'indication des genres qui leur appartiennent, et que nous avons déjà décrits.

Ordre.	Sections.	Familles.	Genres.
COLÉOPTÈRES.	Pentamères.	Carnassiers.	Cicindèles. Carabes.
		Brachélytres.	Dystiques. Gyrins.
		Serricornes.	Buprestes. Taupins. Cébrions. Vers luisants. Ptines. Lime-bois.
		Clavicornes.	Clairons. Escarbots. Boucliers. Dermestes. Byrrhes.
		Palpicornes.	Hydrophiles.
	Hétéromères.	Lamellicornes.	Scarabées. Hannetons. Lucanes.
		Mélasomes.	Ténébrions.
		Taxicornes.	Diapères.
		Sténélytres,	Hélops.
		Trachélides.	Cantharides.
	Tétramères.	Porte—becs.	Charançons.
		Xylophages.	Trogosites.
		Platysomes.	Cucuges.
		Longicornes.	Capricornes.
		Eupodes.	Criocères.
		Cyclides.	Hispes. Cassides. Chrysomèles.
	Trimères.	Aphidiphages.	Coccinelles.

Pour rendre ce tableau complet et utile, il nous reste à assigner maintenant les caractères qui sont propres à faire distinguer chacune des familles que nous avons désignées; ce sont les suivants :

1° *Carnassiers.* — Deux palpes à chaque mâchoire, ou six en tout.

2° *Brachélytres.* — Un palpe à chaque mâchoire, ou quatre en tout.

3° *Serricornes.* — Quatre palpes; antennes ordinairement dentées en scie dans les mâles.

4° *Clavicornes.* — Quatre palpes; antennes plus grosses vers leur extrémité, souvent même en massue, plus longues que les palpes maxillaires, avec la base nue ou à peine recouverte.

5° *Palpicornes.* — Antennes aussi longues ou moins longues que les palpes maxillaires, recouvertes.

6° *Mélasomes.* — Antennes terminées en manière de chapelet.

7° *Taxicornes.* — Antennes ordinairement en massue perfoliée.

8° *Sténélytres.* — Tête ovoïde sans cou; antennes de grosseur à peu près égale.

9° *Trachélides.* — Tête triangulaire, sé-

parée du corselet par un cou ; antennes de
grosseur à peu près égale.

10° *Porte-Becs.* — Tête se prolongeant en
forme de museau ou de trompe.

11° *Xylophages.* — Tête sans museau ni
trompe, antennes plus grosses vers leur extrémité.

12° *Platysomes.* — Antennes de la même
grosseur, ou plus grêles à leur extrémité.

13° *Longicornes.* — Antennes filiformes,
yeux embrassant leur base.

14° *Eupodes.* — Corselet cylindrique, et
plus étroit que celui des précédents.

15° *Cyclides.* — Antennes un peu plus
grosses vers le bout ; corps ordinairement arrondi.

16° *Aphidiphages.* — Antennes plus courtes que le corselet, terminées par une massue
comprimée en triangle renversé.

Il est facile de voir qu'on a eu recours,
plus particulièrement à la forme des antennes,
pour établir ces familles, mais non pas uniquement, et que tantôt on a invoqué la structure des palpes et de la bouche, tantôt la
forme de la tête. De pareils détails, nous le
répétons, ne sauraient réclamer plus d'insis-
tance de notre part et ne doivent avoir d'autre valeur aux yeux de ceux qui étudient

l'histoire naturelle, que de servir à en dis-
poser plus ou moins méthodiquement les matériaux.

Nous sommes loin aussi d'avoir décrit tous
les genres de coléoptères admis, plus ou
moins généralement, par les auteurs ; mais,
puisque notre but ne saurait être ici de des-
cendre dans l'infini des détails, ce que nous
avons fait connaître de cet ordre d'insectes
est bien suffisant pour donner une idée pré-
cise d'un groupe d'êtres qui ont entre eux
tant de ressemblance, et dont les descriptions
individuelles ne produiraient guère qu'une
fatigante monotonie.

Sans contredit, néanmoins, ce groupe
est un des plus brillants et des plus intéressants. Il est fort commun aussi et déjà
admis depuis long-temps par le vulgaire sous
le nom de *scarabées* ou sous celui d'*escarbots*. Tous ces êtres sont très-répandus dans
la nature, soit qu'ils habitent l'air ou les eaux,
soit qu'ils vivent de leur chasse ou qu'ils se
nourrissent d'herbages. On les rencontre dans
toutes les parties du monde ; et nulle part,
peut-être, ils n'offrent un mélange aussi nombreux et aussi varié qu'en Europe.

Ils sont soumis à des métamorphoses que
nous n'avions encore rencontrées dans aucun

des êtres qui précèdent, et aucun d'eux ne se soustrait à cette loi. La première phase de leur existence est celle d'un ver qu'on appelle *larve*; celui-ci a le corps alongé, formé de douze à treize anneaux, dont les premiers portent trois paires de pattes; sa tête est écailleuse et pourvue de petites antennes. Cet état est celui qui dure le plus long-temps; plusieurs mues peuvent avoir lieu à cette époque. Une seconde période est parcourue par l'état de *nymphe*. Alors l'insecte est immobile, il ne mange plus, et se cloitre dans une enveloppe qui le dérobe à toute injure. C'est là qu'il subit réellement sa transformation, et cette période est toute de transition. La troisième phase est celle où l'insecte parait à l'état parfait avec tout le brillant de ses couleurs et la forme qu'il doit toujours conserver. A cette époque seulement, il peut se reproduire, et dans toute la série les sexes sont séparés et ont leurs organes portés dans les derniers anneaux de l'abdomen.

On a peu cherché à utiliser, comme objet d'industrie, la beauté et la persistance du coloris des insectes coléoptères. Quelques amateurs seulement ont fait monter des bagues avec le charançon royal, dont les couleurs d'or très-brillant, de vert doré, d'azur et de pourpre, font le plus bel effet. Il paraît que les Indiens emploient plus généralement ces insectes comme ornement; les femmes en font des espèces de colliers, de pendans d'oreilles, ou de guirlandes qui leur servent de parure. On connaît assez l'usage médical, et l'effet vésicant des cantharides; quelques autres coléoptères jouissent aussi de cette propriété. Mais ce qu'on ne connaît pas, en général, c'est l'emploi qu'on a fait des larves de plusieurs de ces animaux comme aliment. Les Romains, à ce que rapporte Olivier, servaient sur leurs tables les larves du cerf-volant et des grosses espèces de capricornes, qu'ils retiraient du bois des vieux chênes, et qu'ils nourrissaient et engraissaient dans de la farine. Les Américains regardent aussi les larves des charançons, qu'on trouve dans les palmiers, comme un mets très-délicat.

CHAPITRE VII.

§ Ier. — *Insectes orthoptères* *.

LES PERCE-OREILLES.

Les perce-oreilles ont la plus grande ressemblance avec les insectes de l'ordre des
coléoptères; ils ont sur le dos deux petits
étuis, se joignant par une suture droite, et
au-dessous desquels les ailes viennent se replier en travers; aussi, beaucoup d'auteurs
les ont-ils rangés dans l'ordre précédent.
Mais, comme la forme de leur abdomen, les
appendices qui le terminent, et plus encore
la nature de leur métamorphose, établissent
aussi les plus grands rapports avec les insectes
que nous allons étudier, on a cru devoir les

* Ou dont les ailes sont plissées en long.

ORTHOPTÈRES *ET* HÉMIPTÈRES

Pl. 6.

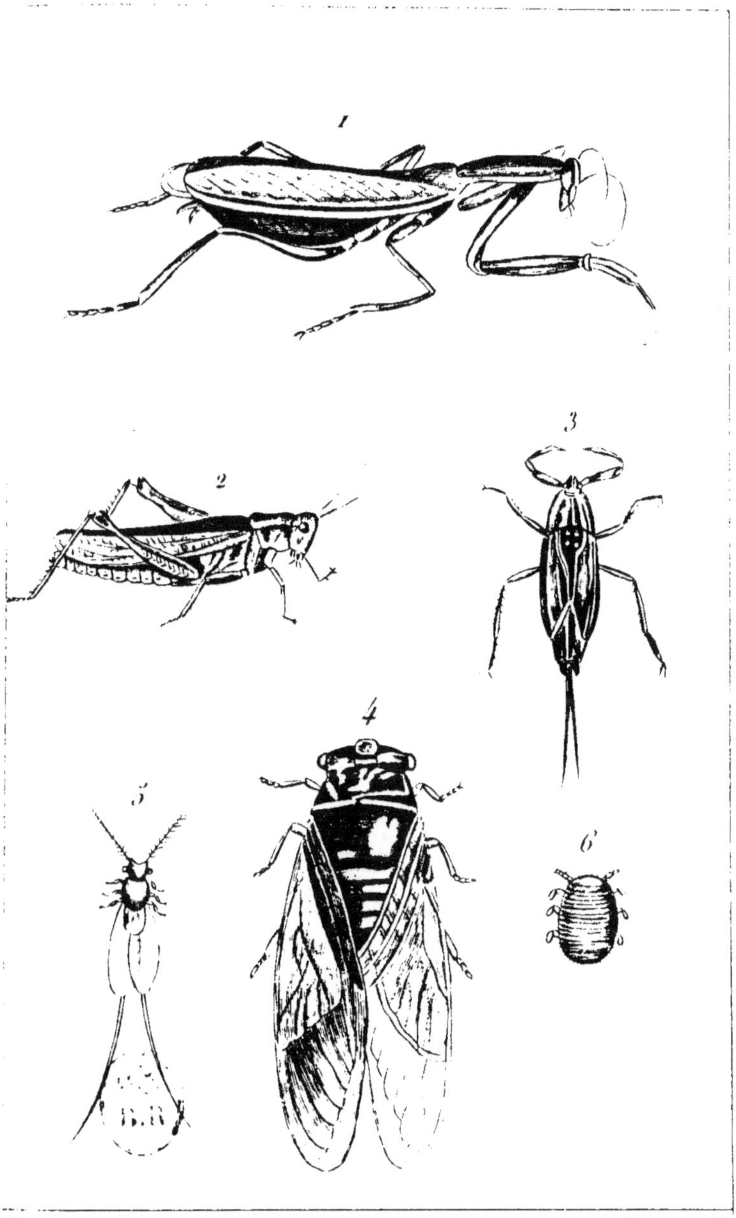

Davesne Sc.

1. Mante. 2. Criquet. 3. Nèpe. 4. Cigale.
5. Cochenille mâle (grossie). 6. id. femelle.

placer ici en tête de l'ordre des orthoptères.

Comme genre, les perce-oreilles, que les naturalistes désignent aussi par le nom de *forficules*, se distinguent par un corps alongé, aplati, terminé par deux appendices arqués, qui forment comme une pince; une tête découverte portant deux antennes déliées, un corselet en forme de plaque, des pattes grêles, courtes, avec des tarses de trois articles.

Ces insectes se nourrissent de substances végétales; ils vivent en grand nombre, dans tous les lieux humides, tels que le dessous des pierres, les écorces des arbres, et les fentes des vieux murs. Ils font quelquefois de grands dégâts dans les jardins, en rongeant les fleurs et les fruits. Il paraît que même, quand les circonstances les pressent, ils deviennent carnassiers. De Geer raconte qu'ayant un jour renfermé toute une famille, lorsqu'il voulut les revoir, il trouva la mère presque entièrement dévorée, et le nombre des petits considérablement diminué : ce qui est d'autant plus remarquable, qu'on connaît l'attachement des mères pour leurs petits et des petits pour leur mère.

Les larves sont formées de treize anneaux, dont les trois premiers portent chacun une paire de pattes, et déjà, à l'extrémité du dernier, on voit paraître les deux pièces de la pince dont nous avons parlé ; on ne trouve ni ailes, ni élytres. La tête porte des antennes dont les articles sont moins nombreux, les pattes et les palpes sont renflés. Dans cet état, les perce-oreilles muent plusieurs fois, et à chaque mue la forme de l'insecte paraît se dessiner beaucoup mieux. Puis, l'état de nymphe achève en peu de temps de compléter la métamorphose.

On distingue deux espèces principales de perce-oreilles : le *petit*, qu'on trouve autour des fumiers ; son corps est brun, sa tête et son corselet noirs, et ses pattes jaunes ; et le *grand*, brun aussi, à tête rousse, dont les bords du corselet sont grisâtres, et les pattes d'un jaune d'ocre ; celui-ci vit dans le midi de la France.

LES BLATTES.

On appelle *blattes* ces insectes roussâtres, qui courent avec tant de vivacité dans nos cuisines, le soir, lorsqu'on arrive avec de la lumière, et qui ne se montrent jamais pendant le jour. Les anciens, à cause de cela, les nommaient *lucifuges*.

La forme de leur corps se rapproche assez d'un ovale aplati. La tête porte deux longues antennes, elle est presque entièrement cachée dans le corselet ; celui-ci a la forme d'un bouclier. Les étuis sont longs, demi-membraneux, et commencent à ressembler à des ailes. Les véritables ailes sont au-dessous et plissées en long. L'abdomen offre deux appendices coniques à son extrémité ; les jambes sont garnies de petites épines, et terminées par des tarses de cinq articles.

Le berceau des jeunes blattes est une sorte de coque ou de coffret qui se forme à l'extrémité du corps de la mère, qu'elle porte ainsi pendant quelque temps, et qu'elle fixe ensuite sur différents corps, ou qu'elle laisse simplement tomber. Au-dedans de cette coque, se trouvent seize cellules qui renferment chacune un œuf, et c'est là que celui-ci donne issue à une petite larve qui finit par ouvrir sa retraite pour paraître au-dehors ; les larves qui naissent des œufs présentent déjà les mêmes parties que l'insecte parfait, à l'exception des élytres et des ailes, mais dans l'état de nymphe les deux anneaux postérieurs du thorax sont d'un volume plus considérable, et contiennent déjà ces parties, qui ne tardent pas à se développer pour constituer l'insecte parfait.

Les espèces de blattes sont très-nombreuses ; elles sont une sorte de fléau pour les habitants de la Russie et de la Finlande, et pour certaines contrées de l'Asie et de l'Amérique méridionale. Nous savons très-bien que dans nos climats elles sont déjà fort incommodes, en ce qu'elles cherchent à se nourrir de la farine dans les moulins et dans les boulangeries, ou qu'elles rongent les comestibles, les habits, les laines et les cuirs, dans nos maisons.

LES MANTES.

Les *mantes* sont ces insectes verts ou gris, assez grands, qu'on rencontre dans les campagnes, dont le corsage est extrèmement long, le ventre triangulaire , assez gros dans quelques espèces, la tête aplatie d'avant en arrière, avec deux gros yeux, deux petits lisses, et deux fines antennes. Les pattes sont grandes, les deux antérieures sont avancées, avec des hanches très-grandes, des cuisses comprimées, dentées, ainsi que les jambes, qui sont terminées par un fort crochet. Les élytres sont horizontales, couchées l'une sur l'autre, le long du côté interne, étroites, alongées, peu épaisses, demi-transparentes ; les ailes sont plissées en éventail dans leur longueur.

Les mantes sont beaucoup plus communes dans les pays chauds que dans les climats froids ou tempérés ; on les rencontre aussi plus souvent dans le midi de la France que dans le nord. Là, on leur donne assez communément, dans le patois du pays, le nom de *préga-diou*, qui veut dire *prie-dieu*, parce que ces insectes élèvent continuellement leurs pattes de devant, en ayant l'air de les joindre comme pour prier.

Comme chez les blattes, on trouve ici, autour des œufs, une enveloppe assez consistante; la larve qui en sort a la plus grande analogie avec l'insecte parfait, seulement les ailes et les élytres sont renfermées dans des fourreaux formant quatre pièces aplaties qu'on voit sur le dos. Elles ont les mœurs de l'insecte ; elles vivent de racines, saisissent les mouches, ou d'autres petits animaux qu'elles rencontrent, et s'en nourrissent.

L'espèce la plus connue en France, est la *mante religieuse*, longue de deux pouces, verte, avec une teinte roussâtre claire, à la face interne des membres.

LES GRILLONS.

Qui ne connaît ces insectes appelés *gril-lons*, *crinons* ou *cri - cris?* Leur corps, brun, est court, gros, la tête aussi très-forte, pourvue de deux yeux composés assez gros, de deux plus petits, lisses en avant, et de deux antennes. Leur abdomen est terminé par deux petites queues ; les pattes sont fortes, les cuisses des pattes postérieures sont très-grandes, avec les jambes et les tarses garnies d'un double rang d'épines. Les ailes sont longues, les étuis sont longs aussi, mais un peu moins, et à leur intérieur est une petite peau, dont le froissement produit le cri aigu de ces animaux.

Les espèces les plus connues sont : le *grillon domestique*, qui vit dans les maisons, dans les trous des murailles, et dans le voisinage des cheminées ou des fours, cherchant à se nourrir d'insectes ou de débris de pain, et de diverses provisions qu'il vient chercher pendant la nuit. En Espagne, et même dans le midi de la France, on les renferme dans de petites cages de fil de fer, et on les garde ainsi pour entendre leur chant. La seconde espèce, ou le *grillon champêtre*, est plus grande que la précédente, noire, avec la base des étuis jaunâtre, et le dessous des cuisses postérieures rouge. Il est très-commun dans les paturages où il se nourrit d'herbes. La larve ne diffère de l'insecte parfait que par le défaut d'ailes ; elle mue plusieurs fois. Ces animaux se creusent ordinairement un petit terrier dans lequel ils se cachent.

On rencontre, en Barbarie et en Espagne, un grillon fort singulier, dont le mâle a sur la tête un prolongement membraneux qui tombe en forme de voile. Dans les Indes-Orientales, on trouve le grillon dit *monstrueux*, dont les ailes se roulent en spirale à leur extrémité.

LES COURTILLÈRES.

La *courtillère*, cet animal qui ruine la végétation de nos jardins légumiers et de nos prairies, est aux insectes ce qu'est la taupe aux animaux des classes supérieures, ce qui lui a valu le nom vulgaire de *taupe-grillon*. Son corps est long, le corselet cylindrique, ayant en dessus comme une sorte de carapace analogue à celle du dos de l'écrevisse. Sa tête est enfoncée dans les épaules, comme chez la taupe; mais ce qui achève de lui donner des rapports avec celle-ci, c'est la structure de ses pattes antérieures, dont les jambes et les tarses sont larges, aplatis, dentés, et en forme de mains propres à fouir la terre, le reste de l'organisation ayant d'ailleurs les plus grands rapports avec celle des grillons.

Mais ce n'est pas tout encore: les habitudes des courtillères se rapportent également à celles des mammifères auxquels nous les comparons. Elles se creusent des galeries souterraines avec une extrême promptitude à travers les pépinières et les jardins, détruisant les plantes par leurs racines le long de leur passage. Ces galeries aboutissent toujours à un point central marqué par une élévation de terrain analogue à celle que produit la taupe. C'est là que l'animal passe l'hiver dans une sorte d'engourdissement. Puis, lorsque le printemps est revenu, il reprend ses travaux, chemine sous terre pour chercher sa proie, car il est carnassier, et se creuse d'autant plus de galeries, que la terre contient moins d'insectes propres à sa nourriture. Peut-être même, le désir de rencontrer quelque compagne dans la saison des amours, est-il pour quelque chose dans l'étendue de ce travail.

Après la fécondation, la courtillère creuse auprès de la sienne une nouvelle galerie circulaire, dans un terrain assez solide pour que les pluies ne puissent le faire ébouler; et, au centre de cette galerie, elle fait un trou qui devient son nid, et dans lequel elle dépose ses œufs. Ceux-ci sont très-nombreux, et peuvent aller jusqu'à deux cents; les petits qui en sortent sont tout blancs, et ne diffèrent de leur mère, quant à la forme, que par l'absence des ailes qui ne poussent qu'au retour du printemps suivant, et après la quatrième ou la cinquième mue.

Les espèces sont peu nombreuses: mais celles qui existent sont tellement prolifiques, et par là si nuisibles, que les agriculteurs ont dû chercher tous les moyens de les anéantir. Ces moyens consistent, soit à détruire leurs nids dans les endroits où l'on voit des places rondes, où la végétation est languissante; ou bien à enfoncer des pots pleins d'eau au niveau du sol pour qu'elles viennent s'y noyer; d'autrefois on fait de petits tas de fumier dans lesquels elles se glissent, et où on les tue facilement; enfin, on a été jusqu'à dresser des chats pour les chasser pendant la nuit.

LES SAUTERELLES.

Le vulgaire donne assez volontiers à ces animaux le nom de *cigales ;* et c'est à Paris surtout, et dans le nord de la France, où l'on ne trouve pas l'insecte qui porte véritablement ce nom, que l'on commet généralement cette faute.

Les sauterelles, si communes dans les prairies et dans les champs herbeux, ont le corps alongé, la tête grande et verticale, munie de deux longues antennes semblables à des soies, le corselet court, comprimé sur les côtés, l'abdomen assez grand, terminé par deux petits appendices, ou quelquefois par un grand, ayant la forme d'un sabre chez les femelles. Les deux pattes de derrière sont, comme chez les grillons, favorables au saut. Sur le dos sont deux ailes recouvertes par des élytres très-longues.

Ces animaux ne vivent que d'herbages ; leurs larves, plus petites, ne diffèrent de l'insecte parfait que par l'absence des ailes et des élytres qui sont renfermées dans des fourreaux chez leurs nymphes. Nous n'ajouterons rien de plus sur un genre d'animaux dejà si connu.

LES CRIQUETS.

On distingue les criquets des sauterelles, quoiqu'ils aient avec elles la plus grande ressemblance. Ceux-ci ont l'ensemble du corps plus svelte et moins lourd ; ils volent et sautent plus loin. Leur ventre est plus comprimé et plus dur. Les femelles sont privées du sabre qui termine l'abdomen des sauterelles. Leurs élytres, comme chez les précédents animaux, recouvrent entièrement les ailes ; mais celles-ci offrent souvent des teintes du plus beau rouge ou du plus beau bleu.

Ces insectes, auxquels on a aussi donné le nom de sauterelles, sont quelquefois si nombreux et font de si grands ravages, qu'ils ont acquis sous ce rapport beaucoup de célébrité : on sait qu'ils furent une des plaies de l'Égypte, et nos climats mêmes n'ont pas été exempts des ravages de leurs troupes innombrables.

Dans certains pays, en Barbarie par exemple, où l'on trouve des espèces de criquets très-grandes et très-nombreuses, les habitants les font rôtir, et les regardent comme un excellent manger. Ils les conservent aussi dans la saumure, après leur avoir ôté les élytres et les ailes.

Les espèces les plus communes sont : le *criquet de passage*, vert, à étuis brun clair, tacheté de noir, le *criquet à ailes rouges*, et le *criquet à ailes bleues*.

GÉNERALITÉS

SUR LES ORTHOPTÈRES.

Les *perce-oreilles*, les *blattes*, les *mantes*, les *grillons*, les *courtillères*, les *sauterelles* et les *criquets*, ayant tous en commun ce caractère, que leurs ailes sont plissées en long au lieu de l'être en travers, comme dans les insectes coléoptères, ont reçu le nom d'*orthoptères*, de deux mots grecs, dont l'un signifie *droit* et l'autre *ailes*. Ils ont, d'ailleurs, entre eux, beaucoup d'autres rapports, parmi lesquels un des plus remarquables est celui de leur métamorphose qui n'est pas aussi complète que dans les coléoptères, et qui a même reçu des naturalistes le nom de *demi-métamorphose*. Toutes ces considérations ont fait regarder les insectes dont il s'agit comme devant former un ordre à part.

Mais cet ordre a lui-même été subdivisé en deux familles, ainsi qu'il suit :

Ordre.	Familles.	Genres.
Orthoptères.	Coureurs.	Perce-oreilles. Blattes. Mantes,
	Sauteurs.	Grillons, Courtillères. Sauterelles. Criquets.

La première famille, ou celle des *coureurs*, se fait remarquer par des pattes toutes propres uniquement à la course. Les étuis et les ailes sont couchés horizontalement sur le corps ; les femelles sont dépourvues de tarière cornée à l'extrémité de leur corps.

La famille des *sauteurs* présente ce caractère, que les pattes de derrière sont très-grandes et disposées pour le saut. Ces animaux ont tous aussi la faculté de produire un bruit particulier , soit au moyen de leurs élytres, soit par le frottement de leurs cuisses contre leurs ailes, pour appeler leurs femelles.

§ 2. — *Insectes hémiptères* *.

LES PUNAISES.

Quoique quelques naturalistes aient cru devoir ne ranger dans le genre *punaise* que la *punaise des lits*, nous continuerons, pour être fidèles au plan que nous nous sommes proposé, de ne point entrer trop avant dans le détail des subdivisions, et nous comprendrons ici, à l'exemple des anciens et conformément au sentiment vulgaire, les espèces qui habitent les jardins et les bois.

Toutes les punaises ont le corps aplati, mais variable quant à l'alongement ou à l'élargissement de son contour, qui se rapproche plus ou moins de l'ovale. Leur bouche est toujours disposée en suçoir, soit qu'elles attaquent les animaux , soit qu'elles vivent du suc des plantes. Ce suçoir se compose de trois

---

* De deux mots grecs, dont l'un signifie *moitié* et l'autre *aile*.

soies, qui, réunies, forment un dard soutenu lui-même, dans quelques espèces, par un prolongement du labre, ou lèvre supérieure, semblable à une alène. La plupart sont aussi reconnaissables à l'odeur qu'elles répandent.

Les diverses espèces de punaises offrent d'ailleurs des différences de forme soit dans les ailes, soit dans d'autres parties du corps que nous allons désigner, en parlant de chacune d'elles en particulier.

La *punaise des lits,* si connue et si incommode, était déjà en possession de notre continent dans les temps anciens, puisque Dioscoride en fait mention; mais elle n'existait pas encore à Londres en 1666; ce ne fut qu'après l'incendie de cette capitale, qui eut lieu à cette époque, que la punaise y fut importée avec les bois venus d'Amérique.

Tout le monde connaît sa forme : elle est ovale, aplatie, les bords sont très-minces, la tête s'avançant en carré, est surmontée de petites antennes ; le labre forme un petit bec, court, courbé sous la poitrine ; le corselet est étroit, les pattes sont de grandeur moyenne, le ventre très-ample. Les élytres sont entièrement petites, et l'on ne voit pas d'ailes dessous ; cependant, on a avancé que cette espèce en acquiert quelquefois. La seule différence qui distingue la larve, c'est l'absence des élytres.

Pendant le jour, ces animaux demeurent cachés ; mais dès que la nuit vient, ils cherchent leur nourriture aux dépens des autres animaux , et ce n'est point l'homme seulement qui a à souffrir de leurs atteintes ; mais il en est beaucoup qui vivent aux dépens des jeunes pigeons ou des hirondelles.

On a cherché différents moyens de détruire ces insectes dégoûtants et incommodes ; le procédé le plus employé consiste à démonter les lits ou les boiseries où ils s'introduisent, pour les laver à l'eau bouillante, puis on enduit les joints, soit avec de l'esprit de vin , de l'essence de térébenthine , de l'onguent gris, ou un mélange de savon, de vert de gris et de tabac.

Les *punaises des bois* ont été appelées, par les naturalistes, *pentatomes, scutellaires*, etc. Leurs ailes supérieures ou élytres ont une consistance qui les rapproche de celles des insectes coléoptères, et elles sont terminées brusquement par une partie membraneuse ; ce ne sont proprement des ailes *qu'à demi*. On les trouve dans les jardins, sur diverses plantes, ou dans la campagne ; elles varient encore dans quelques dispositions de forme et de couleurs,

II.HISTOIRE NATURELLE. 12

mais toutes se décèlent par leur odeur excessivement désagréable.

LES RÉDUVES.

Autrefois les réduves étaient confondus avec les punaises, auxquelles ils ressemblent beaucoup. Ils se distinguent néanmoins par un corps alongé, une tête longue et portée sur un cou bien distinct, un bec court, mais très-aigu et piquant fortement; par un bruit, qu'ils font entendre à l'aide de leurs élytres, assez semblable à celui des criocères et des capricornes.

Les réduves ont aussi des mœurs toutes particulières. Les espèces connues dans nos climats, se nourrissent d'insectes ou même de punaises, qu'ils attaquent et dévorent. Ils emploient ordinairement la ruse pour en venir à leurs fins; on les voit se couvrir de poussière et d'ordures dans quelque coin de muraille, afin de n'être pas aperçus, et se tenir immobiles jusqu'à ce que quelque petit insecte, trompé par l'apparence, vienne à s'approcher; aussitôt le réduve s'élance avec vivacité, perce sa victime de son aiguillon, et la dévore.

Leur piqûre n'est même pas sans quelque gravité pour l'homme. Le naturaliste Latreille ayant été piqué à l'épaule par un de ces insectes, éprouva sur le champ, dans tout le bras, un engourdissement qui dura pendant plusieurs heures ; cette piqûre est d'ailleurs très-douloureuse.

LES HYDROMÈTRES.

Les *hydromètres* ou *mesureurs d'eau*, vivent en effet sur ce liquide, et parcourent rapidement sa surface, au moyen de leurs longues pattes, sans jamais s'y enfoncer. Leur corselet est long et cylindrique, leur tête avancée en museau, leurs yeux gros, leur ventre long, leurs élytres courtes.

Ces insectes sont fort communs sur les étangs.

LES NÈPES.

On désigne ainsi des insectes qui, sous leurs trois états de larve, de nymphe et d'insecte parfait, habitent constamment les eaux, et sont vulgairement connus sous les noms de *punaises d'eau* ou de *scorpions aquatiques*.

Cette dernière dénomination leur avait été donnée à cause de leur forme assez analogue à celle des scorpions. En effet, leur corps est ovale et terminé par deux longues soies qui forment une queue ; en avant, les deux pattes antérieures sont grosses, en forme de serres ou de tenailles, et figurent à peu près les pinces des scorpions.

Les nèpes ont un suçoir, comme les insectes précédents ; elles s'en servent pour piquer les animaux aquatiques dont elles se nourrissent, et qu'elles saisissent avec les crochets de leurs pattes antérieures. Elles se tiennent ordinairement au fond des eaux, nageant quelquefois à la surface.

On a distingué, comme genre, sous le nom de *ranâtres*, quelques espèces de ces *punaises aquatiques*, dont le corps est très-étroit, le bec avancé, les pattes antérieures assez minces. Leurs mœurs sont d'ailleurs les mêmes ; elles paraissent cependant préférer pour demeure les eaux abondantes, et posséder en outre la faculté de pouvoir en sortir et de voler le soir, même assez loin.

LES CIGALES.

Nous avons vu, un peu plus haut, que le nom de *cigale* n'appartient nullement à la *sauterelle*, et qu'il arrive souvent aux habitants du nord de la France de dépouiller de ce nom ses véritables propriétaires.

On peut se faire une idée assez exacte de l'aspect d'une cigale, en se figurant une mouche ordinaire qui aurait à peu près un pouce de long. La tête est courte, large, très-étendue transversalement, et terminée de chaque côté par de gros yeux globuleux et saillants; au sommet, sont trois yeux lisses disposés en triangle, et les antennes sont insérées entre les yeux. C'est surtout chez ces animaux qu'on peut étudier, dans son grand état de développement, la composition du suçoir que forment les parties de la bouche. Quatre soies correspondant aux mandibules et aux mâchoires, sont engaînées dans une rainure qui règne le long du labre prolongé et rabattu devant le thorax comme un long fourreau. Le corselet est grand, et semblable au corsage d'une mouche ; les élytres sont transparentes et sillonnées de nervures comme les ailes de ces derniers insectes ; leur longueur dépasse de beaucoup celle du corps ; elles sont portées par le second segment du thorax. Le troisième porte la seconde paire d'ailes, et est uni avec l'abdomen. Celui-ci est renflé, composé d'anneaux, et terminé, chez la femelle, par une tarière aiguë qui lui sert à entamer l'écorce des arbres pour y déposer ses œufs. Les pattes, au nombre de six, sont de grosseur moyenne.

Le *chant* de la cigale jouit d'assez de célébrité, et s'exécute au moyen d'un appareil assez curieux pour nous arrêter quelques instants. Ses organes n'existent que chez le mâle, qui seul fait entendre, dans les chaleurs de l'été, cette musique fort monotone et très-bruyante. Ils ont leur siége de chaque côté, dans le premier segment de l'abdomen, au milieu d'une cavité divisée en deux loges par une cloison écailleuse, et fermée par un petit couvercle cartilagineux ; le fond de cette cavité est fermé par une membrane transparente presque comme du verre. Mais ces objets ne sont encore que les accessoires de l'instrument du chant ; celui-ci réside dans deux autres petites cavités contiguës aux premières, et consiste, de chaque côté, en une petite membrane plissée, que l'animal peut tendre et relâcher rapidement à son gré au moyen de muscles très-puissants : cette membrane est appelée *timbale*. Cet appareil, si extraordinaire, n'est pourtant pas si particulier aux cigales qu'on n'en retrouve au moins les analogues chez d'autres insectes. Latreille ayant entrepris quelques recherches de ce genre, a trouvé d'abord dans les cigales femelles, et ensuite dans les criquets, tous les analogues des pièces principales qui le composent. Tant il est vrai, que la plus parfaite unité semble régner dans la structure des êtres organisés et des animaux en particulier, et que les formes les plus disparates en apparence peuvent, par une observation plus attentive, être ramenées à une seule et même composition fondamentale.

Les larves des cigales éclosent au printemps; elles sont blanches, ont six pattes; leur tête se recourbe en avant comme celle des puces. Dès qu'elles sont nées, elles quittent le nid que leur mère leur avait pratiqué dans l'écorce des arbres ou des arbustes, et s'enfoncent dans la terre pour y vivre de racines et y subir leur métamorphose. Arrivées à l'état de nymphes, elles ont des fourreaux qui contiennent déjà les élytres et les ailes;

mais les mâles n'ont point encore les organes du chant, ni les femelles leur tarière. Ce qu'il y a, chez ces nymphes, de très-remarquable, c'est que leurs pattes de devant sont construites de manière à pouvoir leur servir à creuser la terre, dans laquelle chaque nymphe s'enfonce quelquefois jusqu'à deux ou trois pouces de profondeur.

La cigale reste pendant un an dans cet état, et lorsque les chaleurs de l'été commencent à se faire sentir, la nymphe sort de la terre, monte sur les arbres, abandonne son enveloppe, et se montre insecte parfait d'une couleur verte fort tendre d'abord, puis passant bientôt au brun sous l'influence de la lumière et de l'air.

C'est sous cette dernière forme que la cigale est propre à se reproduire, et qu'elle pompe avec sa trompe le suc des feuilles ou des jeunes branches des arbres, dont elle se nourrit. C'est dans les pays chauds que l'on trouve les plus grandes espèces de ces animaux; quelques-unes vivent en Europe, mais dans ses parties méridionales. L'espèce la plus connue est la *cigale*, dite *plébéienne*, commune dans le midi de la France.

Si l'on en croit Aristote, les Grecs mangeaient les cigales : ils préféraient les mâles, et, après l'accouplement, les femelles, parce qu'alors elles avaient le ventre rempli d'œufs qu'ils trouvaient très-agréables.

LES FULGORES.

Bien que ces animaux soient presque tous étrangers et fort rares, leur histoire est assez curieuse, pour que nous ne devions pas omettre d'en parler ici. Leur forme se rapproche beaucoup de celle des cigales ; mais ces insectes se distinguent par l'absence des organes du chant, par les couleurs brillantes et variées de leurs ailes, et surtout par une protubérance considérable qui s'élève au-dessus de leur tête et qui semble être un prolongement du front. Cette protubérance se fait principalement remarquer par la propriété qu'elle a de briller d'un éclat phosphorique dans l'obscurité ; aussi, a-t-on donné à une espèce particulière, qui habite les Indes occidentales, le nom de *porte-lanterne*. Réaumur assure que la lumière que répandent ces fulgores est si vive, qu'il ne serait pas difficile de lire pendant la nuit à sa clarté. Pendant le jour, cette lanterne est transparente comme une vessie et rayée de rouge et de vert. Le même

12.

auteur, désireux d'éclaircir par l'anatomie la cause de ce phénomène singulier, ouvrit une de ces vessies desséchées ; mais il ne trouva dans son intérieur qu'une cavité pleine d'air et ne renfermant aucun organe.

LES PUCERONS.

On voit quelquefois, pendant la belle saison, une multitude de ces petits insectes verts, pourvus de longues ailes, se mouvoir lentement, couvrir diverses plantes, et particulièrement les rosiers.

Quand on les examine attentivement, on voit une petite tête pourvue de longues antennes, un corselet dont le premier segment est plus petit, et le second plus grand. Ces ailes, si longues et si amples, ne sont que la première paire ou les élytres ; les véritables ailes, plus petites, sont au-dessous ; les pattes sont longues et minces, l'abdomen se termine par une sorte de petite corne. Ces pucerons sont aussi pourvus d'un bec, presque perpendiculaire, prenant naissance à la partie la plus inférieure de la tête, dans l'entre-deux des pattes antérieures. C'est avec cet instrument qu'ils pompent les sucs des végétaux, pour se nourrir, en attaquant les tiges, les feuilles ou les racines. Quelques espèces vivent même dans l'intérieur des feuilles, et leur présence occasionne des excroissances, dans lesquelles ils se renferment en grand nombre. Les petites cornes dont nous venons de parler, et qui terminent l'abdomen des pucerons, laissent suinter une liqueur sucrée, dont les fourmis sont très-friandes ; aussi voit-on rarement des pucerons, sans apercevoir quelques fourmis tout près. Il paraît même que quelques espèces de fourmis emmènent des pucerons prisonniers dans leurs demeures souterraines, et les y conservent long-temps, comme une sorte de bétail, pour recueillir leur miel, sans jamais leur faire aucun mal.

Une des singularités les plus remarquables dans la structure des pucerons, c'est que la même espèce fournit des femelles ailées, et d'autres sans ailes, qui toutes ont également la faculté de reproduire leur espèce. Cette reproduction a lieu deux fois dans la même année, la première fois les femelles donnent le jour à des petits vivants, la seconde fois elles pondent des œufs ; mais, dans tous les cas, il y a production de petits ailés et non ailés. Cette puissance de reproduction est tellement grande chez ces petits êtres, que l'influence de la fécondation semble se transmettre de femelle en femelle pendant plusieurs générations, sans que la compagnie du mâle soit nécessaire. Bonnet, Réaumur et Lyonnet ont pris des pucerons au moment de leur naissance, les ont élevés seuls, et, malgré cet isolement, ils les ont vus faire des petits. Ces petits, élevés ensuite séparément, ont aussi été féconds pendant plusieurs générations, sans avoir eu de communication avec aucun individu de leur espèce. Bonnet, à qui l'on doit le plus d'observations sur ces insectes, a compté jusqu'à neuf générations, en trois mois, sans accouplement. Ce fait, quoique extraordinaire, est attesté par des auteurs si dignes de foi, que les naturalistes n'hésitent pas à l'admettre.

Ici, comme chez tous les autres insectes du même ordre, il n'y a qu'une demi-métamorphose. Les espèces de ce genre sont assez nombreuses et varient dans leur forme aussi bien que par le lieu de leur habitation ; chacune d'elles affectionne des plantes ou des arbres particuliers. Les principales sont désignées d'après cette considération, et l'on connaît les *pucerons de l'orme*, ceux *du peuplier*, *du sureau*, *du hêtre*, *du chêne*, *du laitron*, *du rosier*, etc.

LES COCHENILLES.

Si tout le monde connaît le carmin et les belles teintures cramoisies ou écarlates, beaucoup de gens ignorent cependant l'origine de ces magnifiques couleurs, et surtout l'histoire de l'animal qui les fournit. Cette histoire a d'ailleurs été assez long-temps inconnue, car on avait cru d'abord que la cochenille répandue dans le commerce pour la composition des couleurs, était une graine. Ce ne fut qu'en 1692 que le P. Plumier reconnut que c'était un insecte.

Les cochenilles sont extrêmement petites, et diffèrent, quant à la forme, selon les sexes : les mâles ont le corps alongé, deux ailes beaucoup plus longues que le corps, et aucun organe visible avec lequel on puisse supposer qu'ils prennent leur nourriture. Les femelles, au contraire, ont le corps ovale, sont privées d'ailes, mais pourvues d'un bec, renfermant trois soies qui forment un suçoir avec lequel elles pompent le suc des végétaux.

La naissance de ces curieux insectes est

déjà signalée par un phénomène des plus extraordinaires. Les femelles se fixent pour jamais sur certains végétaux. Là, leur corps s'accroît insensiblement ; il perd peu à peu sa forme au point de ressembler à une gale. C'est alors que la fécondation s'accomplit, et que, bientôt après, a lieu la ponte des œufs, qui est très-considérable. Ces œufs glissent au-dessous du corps de la mère qui, elle-même, se dessèche et laisse peu à peu s'évanouir entièrement ses formes animales pour n'être plus qu'une sorte de coque destinée à protéger ses petits. Cette singulière transformation de l'insecte en une gale avait valu à ces animaux le nom de *gale-insecte*.

De l'éclosion des œufs naissent de jeunes larves peu différentes de l'insecte parfait. Elles se répandent sur les feuilles, et vers, la fin de l'automne, elles gagnent les branches pour s'y fixer et y passer l'hiver. Les unes, et ce sont les femelles, se préparent, au retour de la belle saison, à devenir mères, et les autres, c'est-à-dire les mâles, se transforment en nymphes sous leur propre peau. Au moment de la belle saison, les mâles, ayant acquis des ailes, sortent à reculons pour aller trouver les femelles qui se fixent, comme nous l'avons vu plus haut, sur différents végétaux.

Le nombre des espèces de cochenilles est considérable; mais toutes ne sont pas propres à donner les belles teintes dont nous avons parlé. Une seule espèce exotique peut être employée à cet usage ; les autres, pour la plupart européennes, ne sont connues que par les dommages qu'elles causent à nos vergers, en piquant les arbres et en développant sur eux diverses excroissances.

La cochenille du nopal ou du cactier, originaire du Mexique où on la cultivait déjà avant la conquête de ce pays, est celle qu'on apporte en Europe sous la forme de petits grains irréguliers, convexes et canelés d'un côté, concaves de l'autre, d'un gris ardoisé, mêlé de rougeâtre et souvent couverts d'une poussière blanche. On en distingue deux sortes, l'une plus fine qu'on appelle *mestèque,* du nom de la province où on la recueille; l'autre est la *cochenille sauvage*.

Les Indiens qui se livrent à la culture de la cochenille, plantent, autour de leurs habitations , le nopal, connu en France sous les noms de raquette ou de figuier d'Inde. Cet arbuste croît très-vite, et porte une fleur d'un rouge de sang, à laquelle on attribue la couleur de la cochenille. C'est au commencement de la belle saison que l'on sème ces insectes, c'est-à-dire que l'on place sur les plantes les femelles qui ont déjà fait quelques petits. Ces femelles sont celles que les Indiens ont gardées à la dernière récolte et conservées sur des branches de nopal, dans leurs habitations, pendant la saison des pluies qui les feraient périr.

Lorsque les cochenilles se sont multipliées et que le temps de la récolte est venu, ce qui a lieu trois fois dans une année, on les fait tomber de dessus la plante avec un couteau à tranchant mousse, puis on les fait périr de diverses manières. Quelques Indiens les trempent dans l'eau bouillante après les avoir placées dans des paniers, et les font sécher au soleil ; ce procédé parait même être le meilleur; d'autres les mettent dans un four chaud; d'autres enfin sur des plaques échauffées.

La *cochenille sauvage* est moins grosse que la *cochenille fine*, parce que tout son corps est couvert d'une matière cotonneuse et bordé de poils, en sorte que lorsqu'elle s'est fixée, ce coton et ces poils se collent à la plante et y adhèrent tellement, que par la suite, lorsqu'on veut détacher la cochenille, il en reste une partie sur les feuilles. Les Indiens l'élèvent sur le nopal, quoiqu'elle croisse sur un cactier épineux, parce qu'elle est plus facile à récolter sur cette plante, et qu'elle y devient presque aussi grosse que la cochenille fine.

Avant la découverte du Mexique, on employait pour la teinture une espèce de cochenille que l'on trouve en Pologne, et qu'on appelait *graine d'écarlate de Pologne;* mais ses produits étaient moins beaux et ses récoltes beaucoup moins abondantes et moins faciles, ce qui l'a fait entièrement abandonner.

Certaines espèces de cochenilles vivent sur l'orme, d'autres sur le figuier, sur l'olivier, les euphorbes, les orangers, enfin sur diverses plantes ou sur différents arbrisseaux, où elles ressemblent quelquefois à une sorte de gale; on les trouve presque toutes en Europe.

GÉNÉRALITÉS SUR LES HÉMIPTÈRES.

La présence d'une première paire d'ailes en étuis n'est pas tellement propre aux insectes coléoptères, et n'est pas un caractère si tranché, qu'on ne le retrouve encore dans le nouvel ordre que nous venons de parcourir sous le nom d'*insectes hémiptères*. Seulement, ceux-ci présentent, pour la plupart, cette circonstance que les élytres ne sont précisément ni des étuis ni des ailes, mais qu'elles tiennent le milieu, pour la forme et l'aspect, entre ces deux états, et ne sont véritablement que des *demi-ailes*, d'où le nom d'*hémiptères*. Le commencement de ces organes offre une partie coriace et crustacée, l'extrémité postérieure est membraneuse et forme une sorte d'appendice, disposition qu'on peut fort bien observer dans la punaise des jardins.

Les autres parties du corps offrent des différences notables lorsqu'on les compare à celles des insectes des ordres précédents : une pièce tubulaire, articulée, appelée le *bec*, part de la tête et se dirige le long de la poitrine, en servant de gaîne à trois soies roides et très-aiguës, formant ensemble le dard dont ces animaux se servent pour pénétrer les tissus organisés desquels ils tirent leur nourriture. Le corselet offre ici un premier segment beaucoup plus court que dans les ordres d'insectes qui précèdent. Plusieurs offrent des **yeux** lisses au nombre de deux. La métamorphose de ces animaux est loin d'être complète; elle ne consiste qu'en un simple accroissement du volume du corps, et dans le développement des ailes; cependant, ils ne passent **pas** moins par les trois états de larve, de nymphe et d'insecte parfait.

Dans le *Règne animal* de Cuvier, on trouve tous les insectes de cet ordre groupés en cinq familles.

1° Celle des *géocrises*, qui se distinguent par des antennes découvertes, plus longues que la tête, et par trois articles aux tarses; ceux-ci sont terrestres.

2° Les *hydrocrises*, vivant dans les eaux, dont les antennes sont cachées sous les yeux et plus courtes que la tête, les tarses formés d'un ou de deux articles.

3° Les *cicadaires*, ou la famille des *cigales*,

distingués par la présence de trois articles aux tarses, et par une tarière dentée en scie à l'extrémité de l'abdomen des femelles.

4° Les *aphidiens*, ayant deux articles aux tarses et sur la tête deux longues antennes; famille de petits insectes, dont les individus ailés ont toujours deux élytres et deux ailes.

5° Les *gallinsectes*, n'offrant aux tarses qu'un seul article, et remarquables par cette circonstance de leur vie qui assimile leur corps aux gales qui naissent sur les végétaux.

Les divers genres qui composent cet ordre, et que nous avons décrits, se rangent dans ces diverses familles ainsi qu'il suit :

Ordre.	Familles.	Genres.
	Géocrises.	Punaises. Réduves. Hydromètres.
	Hydrocrises.	Nèpes.
HÉMIPTÈRES.	Cicadaires.	Cigales. Fulgores.
	Pucerons.	Aphidiens.
	Gallinsectes.	Cochenilles.

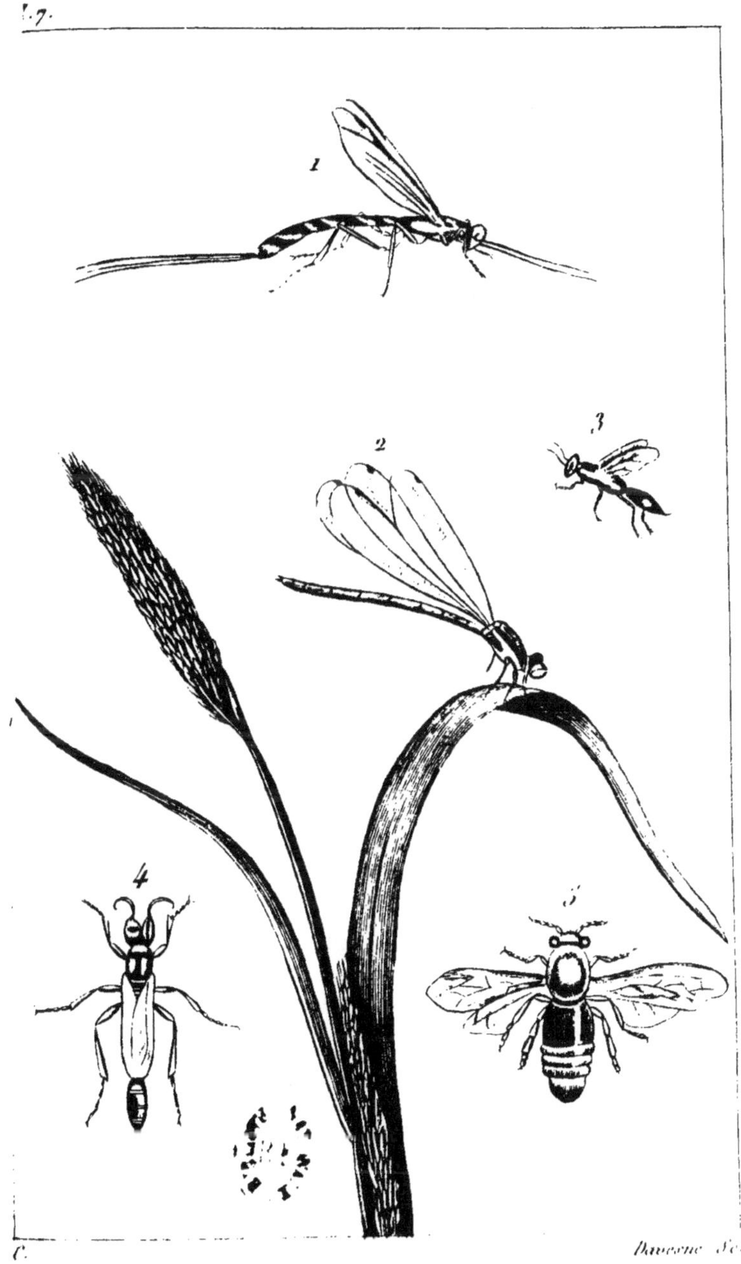

1 Ichneumon. 2 Demoiselle. 3 Cynips.
4 Sphex. 5 Abeille.

CHAPITRE VIII.

§ Ier. — *Insectes Névroptères.* *

LES DEMOISELLES.

Pour les naturalistes, ce genre d'animaux porte le nom de *libellules* ; ce sont des insectes à demi métamorphose, ayant, non plus un suçoir comme les hémiptères, mais des mandibules et des mâchoires comme ceux des premiers ordres que nous avons parcourus. Ils se distinguent des autres genres voisins par une tête grosse et arrondie portant trois yeux lisses sur son sommet, outre les deux

* C'est-à-dire qui ont des ailes *à nervures.* .

gros yeux composés qui sont sur les côtés, et deux antennes ; un corselet gros et arrondi ; un abdomen alongé en forme de baguette ou d'épée, terminé chez les mâles par deux petites lames ; des pieds courts et courbés en avant ; enfin quatre ailes transparentes sillonnées de nervures, et qui, dans l'état de repos, sont souvent étalées horizontalement.

Le nom sous lequel on connaît le plus ces êtres, est celui de *demoiselles* que nous leur conservons ici. La gracieuseté de leur forme svelte et légère ; le brillant des couleurs qui ornent leur corsage et même qui les parent quelquefois en entier, l'agilité de leurs mouvements, justifient parfaitement leur aimable dénomination. L'imagination même des poètes prête ses charmes à cette comparaison ; nous nous contenterons, pour rappeler les formes et les allures des *demoiselles*, de citer les paroles mêmes de l'auteur de *Notre-Dame de-Paris :* «Il n'est pas », dit-il, « que vous n'ayez plus d'une fois suivi de broussaille en broussaille, au bord d'une eau vive, par un jour de soleil, quelque belle demoiselle verte ou bleue, brisant son vol à angles brusques, et baisant le bout de toutes les branches. Vous vous rappelez avec quelle curiosité amoureuse votre pensée et votre regard s'attachaient à ce petit tourbillon sifflant et bourdonnant, d'ailes de pourpre et d'azur, au milieu duquel flottait une forme insaisissable voilée par la rapidité même de son mouvement. L'être aérien qui se dessinait confusément à travers ce frémissement d'ailes vous paraissait chimérique, imaginaire, impossible à toucher, impossible à voir. Mais lorsqu'enfin la demoiselle se reposait à la pointe d'un roseau, et que vous pouviez examiner, en retenant votre souffle, les longues ailes de gaze, la longue robe d'émail, les deux globes de cristal, quel étonnement n'éprouviez-vous pas, et quelle peur de voir de nouveau la forme s'en aller en ombre et l'être en chimère! »

C'est au sein des eaux que commence leur existence. Alors on voit, de chaque côté, de petites nageoires qui disparaissent plus tard dans leur transformation. Lorsque le moment de cette métamorphose est venu, les jeunes demoiselles sortent de leur élément primitif et viennent se sécher à l'air, sur quelque arbuste ou sur quelque brin de roseau. Quelques heures ou un jour au plus suffisent pour les dépouiller de leur robe de nymphe, et donner la liberté à ces ailes qui vont leur procurer une existence nouvelle et leur ouvrir les routes de l'air.

Le besoin de se mouvoir, et surtout celui de se nourrir, ne tardent pas à emporter la chasseresse à la poursuite des mouches ou d'autres petits insectes ailés, et à lui faire décrire mille tours et détours, sans jamais se reposer. L'amour vient bientôt aussi lui donner un nouvel essor ; le mâle plane d'abord au haut des airs, puis il s'abat et saisit sa femelle par le cou au moyen des petits crochets qui terminent son corps ; celle-ci se rendant à ses désirs, après un temps plus ou moins long, courbe son abdomen en dessous, pour atteindre celui de son ravisseur ; elle prend la forme d'un anneau ; le mâle se tient toujours au-dessus, ayant le corps également courbé en forme de boucle, ce qui donne aux deux êtres l'apparence de deux chaînons d'une même chaîne, et c'est ainsi que le couple amoureux se balance et se perd dans l'espace. Leur bonheur n'est pourtant pas toujours sans nuage ; il arrive souvent que quelque jaloux vient le troubler ; le combat s'engage alors ; mais il a lieu souvent sans que le couple se désunisse et sans qu'il lui arrive d'autre accident que d'être obligé de s'éloigner.

Fidèle à l'élément qui la vit naître, la demoiselle ne manque pas de revenir lui confier le précieux dépôt de sa postérité ; elle s'approche alors des rivages, baigne dans l'onde la moitié de son corps, et y laisse, sous la forme d'une grappe, les germes de la génération que verra briller le printemps le plus prochain.

LES ÉPHÉMÈRES.

L'existence de ces insectes est, comme l'indique leur nom, de courte durée; ils meurent promptement et en si grand nombre, dans l'automne, que le sol en est quelquefois tout couvert, et qu'on les ramasse en quelques endroits par charretées pour fumer les terres.

Leur forme se rapproche beaucoup de celle des demoiselles; leur corps, très long, se fait remarquer par deux ou trois soies, longues et articulées, qui le terminent. Le devant de leur tête s'avance en manière de chaperon et recouvre la bouche dont on ne peut distinguer les organes à raison de leur mollesse et de leur exiguité. Leurs ailes sont toujours portées perpendiculairement, ou peu inclinées sur leur dos. Les pattes sont grêles, et les deux antérieures plus longues que les autres.

La durée de leur vie, à l'état de larve, est

incomparablement plus longue que celle de leur état parfait, car elle est de deux à trois ans. Du reste, ce jeune âge est parfaitement semblable à celui des insectes précédents.

C'est pendant les beaux jours d'été ou d'automne, et au coucher du soleil, que paraissent les éphémères, en phalanges nombreuses qui se groupent et se balancent diversement dans les airs, d'où elles tombent ensuite, comme nous l'avons dit. Celles qui arrivent dans l'eau deviennent la proie des poissons qui en sont très-friands, ce qui les a fait désigner par les pêcheurs sous le nom de *manne*. Il en est aussi une espèce si remarquable par la blancheur de ses ailes, que le moment de sa chûte rappelle ces jours d'hiver où l'on voit la neige tomber par flocons.

LES FOURMILIONS.

C'est à l'état de larve que ces petits insectes sont le plus connus. Leur forme alors peut, jusqu'à un certain point, être comparée à celle d'une punaise, dont le corps aurait environ six lignes de long et serait ridé transversalement par des segments très-marqués. Cette larve a la tête fort petite et armée de deux mandibules en crochets très-forts, semblables à deux cornes; son ventre forme la plus grande partie du corps, et six pattes servent à le mouvoir. C'est cette même larve qui a reçu particulièrement le nom de *fourmi-lion*, parce qu'elle se nourrit presque uniquement de fourmis, dont elle est le fléau, comme le lion est la terreur des quadrupèdes.

La manière dont le fourmilion parvient à se saisir de sa proie est assez curieuse, et a souvent excité l'attention des naturalistes et de tous les observateurs en général. Le petit animal se creuse un cône, ou une sorte d'entonnoir dans le sable mouvant où il vit ordinairement, puis il se tient au fond, caché sous ce même sable, et ne laissant au centre que les crochets dont sa tête est armée. Si par hasard quelque fourmi ou quelque autre insecte imprudent arrive sur le bord du piége et qu'il s'avance un peu trop, il ne tarde pas à glisser, sans pouvoir revenir sur ses pas, tout le long de la pente de l'entonnoir, jusqu'au fond et jusque sur les crochets du fourmilion qui s'en saisit aussitôt pour le dévorer.

On trouve dans tous les livres d'histoire naturelle la description détaillée du travail et de l'industrie que déploie cet animal dans la construction de ce piége. Il choisit, assure-t-on, le pied d'un vieux mur, d'un arbre, ou le bas d'un terrain coupé, et c'est là que, dans le sable mouvant, allant toujours à reculons, décrivant par sa marche des tours de spire, dont le diamètre diminue progressivement, chargeant sa tête de sable avec une de ses pattes extérieures, et le jetant ensuite au loin, il vient à bout, quelquefois dans l'espace d'une demi-heure, d'enlever un cône de sable renversé, dont la base a un diamètre égal à celui de l'enceinte qui le contenait, et dont la hauteur égale à peu près les trois quarts de ce diamètre.

Bien s'en faut, cependant, que l'industrie prétendue du fourmilion exige autant d'intelligence qu'on pourrait le supposer, et même que les faits aient été parfaitement observés. Curieux de me rendre compte, toutes les fois que je l'ai pu, du merveilleux que trop souvent on s'est contenté d'admirer et plus souvent encore d'embellir sur ce qu'on nomme l'instinct des animaux, je me suis procuré quelques fourmilions que j'ai pu conserver chez moi et examiner à loisir à toute heure du jour; voici ce que j'ai recueilli : lorsque je plaçais un de ces insectes sur une feuille de papier, ou sur un plan quelconque,

il ne pouvait jamais marcher qu'à reculons ;
j'inclinais quelquefois, autant que possible,
le plan sur lequel il était posé , de manière à
ce que sa tête fût en bas , et malgré cela il ne
pouvait marcher qu'en reculant et en remon-
tant par conséquent sur le plan. En même
temps son corps ne pouvait se courber qu'en
bas, et de telle façon que son extrémité terminée en pointe aurait entamé le même plan
sur lequel était posé l'animal, s'il eût été
perméable. Tous les fourmilions exécutaient
aussi, lorsque je les plaçais sur une feuille de
papier, de petits mouvements secs et brusques en inclinant et en relevant à chaque
instant leur petite tête plate comme une pelle.

Après ces premières observations, je plaçai
divers fourmilions au centre d'une boîte
remplie de sable : bientôt ils reculèrent,
en s'enfonçant peu à peu dans ce sable,
jusqu'à la limite de la boîte , en traçant
un sillon tout autour. Cette boîte était ronde,
et le sillon qui en suivait le contour avait parfaitement la même forme ; pour savoir alors
jusqu'à quel point l'animal pouvait avoir contribué à la direction qu'il avait suivie, j'em-
ployai une boîte carrée, et tout le sillon alors
eut la forme carrée. Le fourmilion ne décri-

vait donc pas de cercles ni de tours de spire dans ses mouvements pour s'enfoncer dans le sable, et cependant, lorsque, après avoir cessé d'observer ces animaux, je revins les examiner, tous avaient formé en différents points de petits entonnoirs pareils à ceux dont nous avons déjà parlé.

Alors je me rendis attentif à la manière dont pourraient s'y prendre quelques fourmilions que je plaçai sur la superficie du sable; plusieurs reculèrent, comme il a été dit, jusqu'à la paroi de la boîte, la suivirent en sens inverse, se rencontrèrent, et l'un d'eux gagna le milieu; d'autres s'enfoncèrent seulement un peu sous le sable, et tous restèrent immobiles jusqu'à ce qu'ils fussent revenus de leur premier mouvement de crainte. Une fois rassurés, chacun, de temps en temps, par un léger coup de tête, jetait au loin la poussière, et avec assez de force pour qu'elle fût lancée hors de la boîte à trois ou quatre pouces de distance. Cela fait, l'animal s'enfonçait un peu et ne tardait pas à recommencer, comme pour se débarrasser à chaque fois de l'obstacle qui le gênait, et pour pouvoir examiner ce qui se passait autour de lui. On concevra aisément comment, en déblayant ainsi et en reculant seulement un peu chaque fois, le sable, qui est également mouvant de tous les côtés , peut retomber également partout vers le fonds, et que, sans intention et sans autre raison particulière de symétrie, un entonnoir régulier se trouve formé, sans que le fourmilion aussi ait eu besoin de décrire des cercles ou des tours de spire. C'est là ce dont il est facile de se convaincre en renversant un poudrier et en cherchant à enlever du milieu du tas qu'on aura formé un peu de sable ; quelque peu d'attention qu'on y mette, il se formera toujours un cône régulier. Ce qui achèverait de prouver encore que le fourmilion ne trace pas de cercles pour parvenir à creuser son entonnoir, si déjà ce fait n'était suffisamment démontré, c'est que l'ouverture de ce même entonnoir est toujours d'autant plus petite que la couche de sable est moins épaisse ; ce qui n'arriverait pas si l'insecte traçait, en commençant, le cercle de cette ouverture, qu'il ne pourrait proportionner à la profondeur du sable qu'il n'a pu encore mesurer ; tandis qu'on s'explique fort bien pourquoi, à mesure que le fond se creuse et que le sable des bords y glisse, l'ouverture de l'entrée s'élargit en proportion.

La vie des fourmilions ne se passe pas tout entière de la même manière et sous la même forme ; celle-ci dure environ deux ans ; au bout de ce temps, la larve se file un cocon blanc et satiné pour demeure, s'y transforme en nymphe, et au bout de quinze à vingt jours sort de sa retraite à l'état d'insecte parfait. Alors, celui-ci a la forme d'une de ces jolies demoiselles dont nous avons déjà tracé l'histoire ; seulement, son vol est moins léger et moins gracieux : on lui voit deux yeux composés, très-gros, sur les côtés de la tête ; mais il n'y a pas d'yeux lisses sur le sommet ; le corselet est séparé de la tête par un cou assez prononcé ; il donne attache à des ailes transparentes, ordinairement tachées de noir ou de brun, et placées en toit l'une à côté de l'autre dans l'état de repos. Les insectes ont cette phase de leur vie très-courte et la terminent assez ordinairement sans s'écarter beaucoup du lieu qui les vit naitre.

LES TERMITES.

Nous ne ferons qu'indiquer ici ces animaux, propres aux contrées qui avoisinent les tropiques, et connus sous le nom de *fourmis blanches* et de *pous de bois*. Leur forme est plus raccourcie que celle des *fourmilions* ; leur corps est aplati, la tête ronde, le corselet carré, les antennes courtes, trois yeux sur le front et deux plus gros sur les côtés; les ailes sont fines, transparentes et couchées sur le corps.

Les larves vivent en société dans la terre ou dans les bois de toute espèce qu'elles dévorent en s'y creusant de nombreuses galeries dont l'entrée est gardée et défendue par une autre sorte de termites qui ne travaille pas et qu'on appelle *les soldats*. Plus tard, la métamorphose a lieu, et les termites à l'état d'insecte parfait s'envolent le soir ou pendant la nuit, mais le lever du soleil devient le signal de leur mort; en cet instant, leurs ailes desséchées les abandonnent, et ils tombent sur le sol pour devenir la proie d'une multitude d'oiseaux ou de reptiles.

LES FRIGANES.

Réaumur les appelait *mouches papillonacées*, ce qui donne déjà une idée de leur forme; car les friganes ressemblent assez à une mouche ou plutôt à une petite phalène. Leur tête est petite, les antennes longues, les yeux latéraux saillants ; deux autres lisses sont placés sur le front. Leur corps est souvent hérissé de poils, et leur aspect, à cause de l'étendue de l'extrémité postérieure des ailes, est celui d'un triangle dont le sommet serait en avant. Ces ailes sont un peu velues, un peu opaques et colorées.

Ces insectes volent principalement la nuit, pénètrent souvent dans les maisons, attirés par la lumière autour de laquelle ils font mille tours.

GÉNÉRALITÉS

SUR LES NÉVROPTÈRES.

Les élytres se présentent, dans cet ordre d'insectes tout entier, sous la forme d'ailes véritables, transparentes, et tout à fait semblables à celles qui sont au-dessous. Ces ailes sont sillonnées de nervures, et c'est de cette circonstance que le nom de l'ordre a été tiré ; ces insectes sont appelés *névroptères*.

Quelques autres caractères viennent se joindre à ceux-ci pour séparer ce groupe de ceux qui l'avoisinent le plus. Ainsi, on ne retrouve plus ici ces longs suçoirs qui caractérisent l'ordre précédent. Les antennes sont en forme de soies et composées d'un grand nombre d'articles. La tête porte à son sommet deux ou trois yeux lisses, outre les yeux composés qu'elle a sur les côtés. Le corselet est formé de trois segments, dont le premier est très-court et ressemble à un collier; il porte les six pattes. Le corps est alongé et recouvert d'une peau légèrement écailleuse. Quant à la métamorphose, elle est complète pour quelques genres, et incomplète pour quelques autres.

Ces insectes ne sont guère rangés en familles; on n'en forme ordinairement que trois sections : 1º celle des *subulicornes*, dont les antennes ont sept articles au plus, et dont les ailes sont étendues horizontalement ou perpendiculairement; 2º la section des *planipennes*, à antennes composées d'un grand nombre d'articles, à ailes étendues aussi; enfin, celle des *plicipennes*, dont les ailes inférieures sont plissées dans leur longueur.

----

§ 2ᵉ. — *Insectes Hyménoptères.*

LES MOUCHES-A-SCIE.

Ces insectes, ainsi nommés par Réaumur, de Geer, Geoffroy, etc., ont cependant, depuis, été appelés *tenthrèdes*, et divisés en plusieurs sous-genres. Les *mouches à-scie*, comme l'indique leur nom, portent à l'extrémité de leur abdomen, du moins les femelles, deux lames dentées, semblables à de véritables scies, enveloppées de deux lames écail-

leuses qui leur servent de fourreau, le tout
pouvant sortir et rentrer dans une coulisse
intérieure à la volonté de l'animal. C'est avec
cette tarière que ces insectes entament le tissu
des végétaux pour y déposer leurs œufs. Du
reste, quant à leur forme en général, elle se
rapproche un peu de celle des mouches-à-
miel ; leur tête est bien distincte, leur corselet
uni à l'abdomen de telle façon qu'ils semblent
n'être qu'un seul cylindre, et leurs ailes sont
toujours comme chiffonnées.

Quelques unes des espèces de ce genre vivent sur les rosiers où on peut les observer
aisément dans les beaux jours d'été, vers les
dix heures du matin, parcourant les branches
et cherchant à les entamer en divers endroits
pour y déposer un œuf à chaque fois. D'autres
affectionnent plus particulièrement le saule.
On en trouve sur l'aune, sur le cerisier, le
pin, l'abricotier, le poirier, etc., qui toutes
attaquent le tissu encore tendre des jeunes
pousses et y font naître par suite une excroissance, une sorte de galle qui sert à nourrir les
larves de ces insectes. Celles-ci ont le corps
divisé en douze anneaux; elles ont de dix-huit
à vingt-deux pattes et possèdent à la partie antérieure de leur tête, près de la bouche, une
filière qui peut fournir un peu de soie; enfin

elles ont de si grands rapports avec les chenilles qu'on leur a donné le nom de *fausses-chenilles*. Elles diffèrent, pour la couleur, selon les espèces ; on en voit de vertes qui sont tachées de diverses couleurs et qui se tiennent roulées en spirale ; d'autres sont d'un vert noirâtre entièrement couvertes d'une matière visqueuse d'une odeur désagréable. Leur métamorphose est complète ; elles se filent un cocon dans la terre ou entre les feuilles des arbres où elles ont vécu, s'y renferment pendant plusieurs mois, puis se transforment en nymphes au retour de la belle saison et en mouches-à-scie, immédiatement.

LES ICHNEUMONS.

Pour se figurer les insectes auxquels on donne le nom d'*ichneumons*, il faut se rappeler la forme des cousins, mais sur un patron beaucoup plus grand. C'est dire assez que leur corps est mince et alongé, qu'il est pourvu d'ailes légères et transparentes. Ces animaux sont remarquables par une longue tarière qui termine leur abdomen, et qui est formée de trois scies dont deux latérales fort déliées et une médiane plus forte et plus écailleuse. Cette tarière n'est pas toujours de la même longueur; elle varie selon les espèces; souvent elle peut rentrer au dedans du corps; d'autres fois elle se tient constamment à l'extérieur. L'usage auquel elle est destinée ne diffère pas de celui auquel l'emploient les mouches-à-scie; elle sert à entamer différents corps pour y renfermer les œufs, les ichneumons s'en servent même pour blesser la main qui chercherait à les prendre; mais cette sorte d'aiguillon ne réussit à pénétrer la peau que chez les espèces où il est assez court pour que sa flexibilité n'y soit pas un obstacle.

Un des points les plus remarquables de la vie des ichneumons, c'est l'habitude où sont la plupart de ces insectes, de percer la peau de diverses chenilles, en mille endroits, pour y déposer leur progéniture, qui naît, vit, et se développe dans leur tissu, en parasyte, et finit souvent par faire périr ces malheureux animaux. Quelquefois les larves sortent du corps de la chenille; d'autres fois elles y restent même après sa mort, et y achèvent tranquillement leurs dernières métamorphoses.

LES CYNIPS.

Les *cynips* sont comme de très-petites mouches, dont la tête porte des antennes, et dont le corps, séparé dans son milieu par un étranglement, se termine par une tarière formée d'une seule pièce longue et déliée, mais qui offre cette particularité qu'elle peut se renfermer en se roulant en spirale. Ce sont les *cynips* qui, en attaquant le tissu des végétaux avec leur tarière, y font naître l'excroissance si connue sous le nom de *galle*, de *noix de galle*, ou de *galle du Levant*, qui sert, traitée par la couperose, à la fabrication de l'encre et de la teinture en noir.

Ces petits insectes sont ordinairement ornés des plus brillantes couleurs, tantôt d'un beau vert doré, d'autres fois d'une teinte bronzée ou cuivreuse. Ils sont pourvus de deux pattes postérieures qui sont propres au saut. Quelques espèces déposent aussi leurs œufs dans le corps des nymphes ou des chenilles.

LES FOURMIS.

Il n'est peut-être pas d'animal plus célèbre et plus généralement connu ; mais peut être aussi y a-t-il peu de gens qui aient pénétré les singularités de leur structure et de leur intéressante histoire. Ces fourmis, que nous voyons en masse s'agiter par milliers, sont loin d'être toutes les mêmes, bien qu'elles appartiennent à la même espèce et à la même fourmilière. Elles renferment des individus de trois sortes, qu'on désigne sous les noms différents de *mâles*, de *femelles* et de *neutres*.

Les *fourmis mâles* ont une tête armée de mandibules et plus étroite que le corselet; elle porte à son sommet trois yeux lisses bien apparents et deux autres yeux composés sur les côtés, des antennes fines et de treize articles, le corselet assez petit et convexe, portant quatre ailes, des pattes longues et minces, un abdomen formé de sept anneaux.

Les *femelles* ont la tête plus large que les mâles ; elle est absolument de la largeur du corselet ; elle porte aussi trois yeux lisses et deux yeux à facettes plus petits que chez les mâles. Leurs antennes n'ont que douze articles. Le corselet est ovoïde, un peu comprimé sur les côtés et porte deux paires d'ailes. Les pattes sont ici plus courtes et plus fortes. L'abdomen n'a que six anneaux.

Les *neutres* ont une structure qui diffère encore de celle des deux sexes dont il vient d'être question. Leur tête est beaucoup plus large; elle dépasse les bords du corselet, porte, comme celle des femelles, des antennes de douze articles, mais est privée des trois yeux lisses que celle des autres présente sur le sommet; la bouche est armée de mandibules très-fortes. Le corselet a aussi une forme toute particulière : d'abord, il est privé d'ailes, et puis il a, en divers points, des espèces d'étranglements quile rendent comme noueux. L'abdomen a six anneaux, comme chez les femelles; mais les pattes sont proportionnellement plus longues que chez celles-ci.

Chacune de ces trois sortes de *fourmis* a ses attributions particulières dans la vie commune d'une même fourmilière, car personne n'ignore qu'elles vivent en grand nombre et en commun dans une même habitation Les mâles, aussitôt après leur naissance, sortent de leur demeure; les femelles ne tardent pas aussi à chercher la liberté, et les uns et les autres faisant usage de leurs ailes, s'éloignent du lieu qui les vit naitre pour se livrer à leurs amours. Mais après que le vœu de la nature a été rempli, leur sort devient différent. Les mâles restent errants jusqu'au moment du terme de leur existence qui ne se fait pas long-temps attendre ; quant aux femelles, elles retombent à terre, et se débarrassent de suite de leurs ailes, devenues désormais inutiles ; celles qui sont trop loin du lieu de leur naissance vont fonder de nouvelles colonies, tandis que celles qui sont restées dans les environs de la fourmilière sont saisies par les *neutres* qui les ramènent dans l'ancienne habitation que leur ponte doit repeupler.

Le rôle des *fourmis neutres* est un des plus importants et des plus actifs ; ce sont elles qui sont chargées de tous les soins qui doivent assurer l'avenir de la petite république, aussi leur a-t-on donné le nom d'*ouvrières*. Elles se chargent de creuser l'habitation et de l'approvisionner de fruits, de grains, de débris d'animaux ou de végétaux de toute espèce. Les unes se pratiquent dans la terre une chambre recouverte d'un petit dôme de fragments de matières végétales amoncelées et de laquelle partent de nombreuses galeries souterraines ; d'autres choisissent le trone des

vieux arbres qu'elles minent en tous sens, en
y creusant de vrais labyrinthes. Là, toutes rassemblent non-seulement les diverses substances dont elles se nourrissent, mais encore
de petits animaux vivants et particulièrement
des pucerons. « Une fourmilière, » dit Hubert,
« est plus ou moins riche, selon qu'elle a plus
ou moins de pucerons. C'est leur bétail ; ce
sont leurs vaches et leurs chèvres. »

Nous avons vu comment les femelles fé-
condées étaient ramenées au logis par les *ouvrières*. Là elles sont soignées par ces dernières, qui les gardent avec assiduité et né
leur permettent plus de sortir. Ces femelles
s'accoutument peu à peu à leur esclavage :
leur ventre grossit, et une seule sentinelle,
remplacée sans cesse par d'autres, surveille
leur conduite ; la plupart du temps montée
sur son abdomen et les jambes postérieures
posées par terre, elle semble destinée à re-
lever les œufs aussitôt qu'ils sont pondus. **Il**
paraît que les fourmis sont dans l'usage
d'honorer chacune de leurs femelles des
mêmes hommages que les abeilles rendent à
leurs reines. Une douzaine de servantes la
suivent partout, elle est sans cesse l'objet de
leurs soins et de leurs caresses ; toutes s'empressent autour d'elle, lui offrent de la nour-

riture et la conduisent par les mandibules dans les passages difficiles ou montueux ; elles vont même jusqu'à la porter. Ici, cependant, leur domination n'est pas exclusive comme chez les abeilles ; plusieurs vivent dans la même demeure sans se faire aucun mal, chacune d'elles a sa petite cour. Si quelques femelles vierges sont restées dans l'habitation, elles n'inspirent aucun intérêt aux ouvrières, elles conservent toujours leurs ailes et passent leur vie à quelques petits travaux d'intérieur; on les a vues souvent occupées à ouvrir les coques des nymphes des autres fourmis.

Les soins des *fourmis ouvrières* ne se bornent pas là, ils s'étendent aux œufs et aux jeunes larves qui en proviennent. Ces œufs sont sans cesse humectés et conservés par elles, et les larves, semblables à de petits vers blancs, attendent d'elles la becquée qu'elles ne tardent pas à leur donner avec une tendresse toute maternelle. Elles les portent même souvent hors de la fourmilière pour les exposer à la chaleur bienfaisante du soleil.

La métamorphose enfin ne tarde pas à s'opérer, et les larves deviennent des nymphes à peu près semblables à l'insecte parfait; puis celui-ci étant tout-à-fait formé, dans le cours de la même saison, se présente sous l'une des trois formes dont nous avons parlé. Le sort des deux sexes est de périr après l'accomplissement de leur tâche qui se borne à la propagation de l'espèce. Celui des neutres a plus de durée : elles passent l'hiver dans leur terrier, non en se nourrissant de provisions amassées à l'avance, comme on le croit généralement, mais dans un état d'engourdissement semblable à celui des marmottes, et qui ne nécessite aucune nourriture pendant ce laps de temps. A la belle saison elles ressuscitent pour reprendre le cours de leurs travaux.

Les fourmis possèdent un sens très-délicat, qui réside dans leurs tentacules et qui réunit les deux qualités du toucher et de l'odorat. On les voit, lorsqu'elles vont à la recherche des provisions, se toucher avec ces organes et s'instruire de leurs découvertes ; il n'est peut-être personne qui n'ait remarqué que lorsque ces animaux vont par longues séries et sur la même ligne, comme une procession, le long d'un plan, si l'on vient à passer la main en travers, dans la direction qu'ils suivent, cela suffit pour arrêter leur course. Étant encore enfant, j'avais été déjà frappé de ce fait ; et je me rappelle qu'en examinant un jour des fourmis qui couraient toujours à la file, le long d'une pièce de bois très-unie, étant venu à toucher par hasard leur chemin, elles s'arrêtaient en cet endroit comme devant une barrière; je recommençai plusieurs fois cette expérience, qui pour moi était un jeu, et toujours les fourmis s'arrêtaient là où j'avais touché, comme étonnées, puis elles revenaient sur leurs pas en s'avertissant mutuellement. Cependant l'obstacle ne durait pas toujours; après bien des hésitations, bien de allées et des venues, quelques-unes se décidaient à le franchir et les autres les suivaient aussitôt. Ce fait avait déjà été constaté par les naturalistes, et Latreille, en cherchant le siége du sens qui pouvait les avertir, eut occasion de s'assurer, en outre, qu'un sentiment de commisération n'est pas étranger à ces petits animaux. « Si l'on passe,» dit-il, « à plusieurs reprises le doigt sur la route que suivent les fourmis, on divise le courant des émanations qui leur servent de guide. On leur oppose un obstacle qui les arrête sur-le-champ, les oblige à rebrousser chemin ou à se détourner; ce n'est qu'à la longue qu'elles franchissent la barrière. Le sens de l'odorat se manifestant d'une manière aussi sensible, je voulais profiter de cette remarque pour en découvrir le siége. On a soupçonné depuis long-temps qu'il résidait dans les antennes. Je les arrachai à plusieurs fourmis fauves auprès du nid desquelles je me trouvais. Je vis aussitôt ces petits animaux, que j'avais ainsi mutilés, tomber dans un état d'ivresse ou dans une espèce de folie. Ils erraient çà et là, et ne reconnaissaient plus leur chemin. Ils m'occupaient, mais je n'étais pas le seul : quelques autres fourmis s'approchèrent de ces pauvres affligés, portèrent leur langue sur leurs blessures, et y laissèrent tomber une goutte de liqueur. Cet acte de sensibilité se renouvela plusieurs fois, et je l'observai avec une loupe.» La colère est aussi une de leurs passions : si quelqu'animal étranger, un insecte, ou même des fourmis d'une espèce différente s'introduisent dans leur habitation, aussitôt l'alarme est répandue, elles se communiquent les unes aux autres le danger qui les menace, puis fondent ensemble sur l'étranger qui résiste rarement à leur nombre et à leurs blessures.

La multiplicité de ces animaux et le nombre de leurs espèces deviennent un véritable fléau pour les agriculteurs, même dans nos pays; mais c'est surtout dans l'Inde et dans les contrées équatoriales qu'elles causent de si grands dégâts, qu'elles ont quelquefois détruit des plantations entières de cannes à sucre. Le poison et le feu ont été employés pour les détruire, on a remarqué à cette occasion une chose fort singulière ; c'est que les individus qui avaient touché au poison entraient avant de mourir dans une sorte de rage et tuaient les autres. Ces animaux enfin gâtent souvent les fruits en leur communiquant une odeur désagréable, car la partie inférieure de leur abdomen donne issue à des organes sécréteurs d'où s'écoule un acide particulier connu sous le nom d'*acide formique*, que l'on sent très-bien lorsqu'on s'approche d'une fourmilière , et qui, selon Fourcroy, serait formé des acides acétique et malique dans un état de concentration considérable.

Parmi les différentes espèces de fourmis, on peut citer comme les plus remarquables :

1° La fourmi *ronge-bois*, la plus grande espèce de l'Europe, longue de sept lignes environ, assez commune dans le midi, mais fort rare dans les environs de Paris. Le mulet ou neutre est noir, avec le corselet et les cuisses d'un rouge sanguin foncé. Cette fourmi vit dans les vieux troncs d'arbres et sous leur écorce.

2° La fourmi *fauve*, très-commune dans toutes les parties de l'Europe ; c'est elle qui élève dans les bois ces monticules remarquables par leur grandeur et leur forme en cône très-élargi à sa base. Cette habitation est composée de brins de chaume, de fragments ligneux, de cailloux ou de coquillages, et comme ces fourmis ramassent souvent, dans le même dessein, des grains de blé, d'orge et d'avoine, on a cru qu'elles faisaient des provisions pour l'hiver; mais il est reconnu qu'elles ne s'en servent que pour leur habitation, car elles passent l'hiver engourdies, ainsi que toutes les autres espèces.

3° La fourmi *sanguine*, que l'on trouve en France, mais plus particulièrement en Suisse: elle offre des particularités fort remarquables dans ses mœurs, et on ne saurait mieux faire que de citer à cette occasion Hubert, l'un des auteurs qui les ont le mieux observées. « Une des occupations ordinaires des fourmis sanguines, » dit-il, « est d'aller à la chasse de certaines petites fourmis dont elles font leur pâture; elles ne sortent jamais seules; on les voit aller par petites troupes, s'embusquer près d'une fourmilière, attendre à l'entrée qu'il en sorte quelque individu, et s'élancer aussitôt pour s'en saisir. Les insectes qu'elles rencontrent sont leur proie, quand elles peuvent les arrêter. On ne trouve point chez les sanguines, non plus que dans les autres fourmilières mixtes, de mâles et de femelles de fourmis auxiliaires. Les femelles sanguines sont remarquables par la vivacité de leurs couleurs. Les mâles ressemblent beaucoup à ceux de la fourmi noir-cendrée, si ce n'est qu'ils ont le corps plus alongé : on les voit partir en même temps que les femelles, et ils sont alors accompagnés d'un double cortége, comme ceux des fourmis légionnaires. Tant de rapports entre ces fourmis me faisaient soupçonner que les sanguines s'approvisionnaient de noir-cendrées, de la même manière que les roussâtres ; je les épiai de jour en jour, et je fus témoin de plusieurs expéditions. En voici un exemple qui pourra donner une juste idée de leur tactique. Le 15 juillet, à dix heures du matin, la fourmilière sanguine envoie en avant une poignée de ses guerriers. Cette petite troupe marche à la hâte jusqu'à l'entrée du nid des fourmis cendrées, situé à vingt pas de la fourmilière mixte ; elle se disperse autour du nid. Les habitants aperçoivent ces étrangères, sortent en foule pour les attaquer, et en emmènent plusieurs en captivité : mais les sanguines ne s'avancent plus ; elles paraissent attendre du secours ; de moment en moment, je vois arriver de petites bandes de ces insectes , qui partent de la fourmilière sanguine et viennent renforcer la première brigade. Elles s'avancent alors un peu davantage, et semblent risquer plus volontiers d'en venir aux prises; mais plus elles approchent des assiégées, plus elles paraissent empressées à envoyer à leur nid des espèces de courriers. Ces fourmis, arrivant en hâte, jettent l'alarme dans la fourmilière mixte. et aussitôt un nouvel essaim part et marche à l'armée. Les sanguines ne se pressent point encore de chercher le combat; elles n'alarment les noir-cendrées que par leur seule présence; celles-ci occupent un espace de deux pieds carrés au devant de leur fourmilière; la plus grande partie de la nation est sortie pour attendre l'ennemi. Tout autour du camp on commence à voir de fréquentes escarmouches, et ce sont toujours les assiégées qui attaquent les assié-geantes. Le nombre des noir-cendrées, assez considérable, annonce une vigoureuse résistance ; mais elles se défient de leurs forces, songent d'avance au salut des petits qui leur sont confiés, et nous montrent en cela un des plus singuliers traits de prudence dont l'histoire des insectes nous fournisse l'exemple. Long-temps avant que le succès puisse être douteux, elles apportent leurs nymphes au-

dehors de leurs souterrains, et les amoncel-
lent à l'entrée du nid, du côté opposé à celui
d'où viennent les fourmis sanguines, afin de
pouvoir les emporter plus aisément si le sort
des armes leur est contraire. Leurs jeunes
femelles prennent la fuite du même côté; le
danger s'approche; les sanguines se trouvant
en force, se jettent au milieu des noirs-cen-
drées, les attaquent sur tous les points, et
parviennent jusque sur le dôme de leur cité.
Les noir-cendrées, après une vive résistance,
renoncent à la défendre, s'emparent des nymphes qu'elles avaient rassemblées hors de la
fourmilière, et les emportent au loin. Les
sanguines les poursuivent et cherchent à leur
ravir leur trésor. Toutes les noires sont en fuite; cependant on en voit quelques-unes se jeter
avec un véritable dévouement au milieu des
ennemis et pénétrer dans les souterrains dont
elles soustraient encore au pillage quelques
larves qu'elles emportent à la hâte. Les fourmis sanguines pénètrent dans l'intérieur,
s'emparent de toutes les avenues, et paraissent s'établir dans le nid dévasté. De petites
troupes arrivent alors de la fourmilière mixte,
et l'on commence à enlever ce qui reste de
larves et de nymphes. Il s'établit une chaîne
continue d'une demeure à l'autre, et la jour-

née se passe de cette manière. La nuit arrive avant qu'on ait transporté tout le butin, un bon nombre de sanguines reste dans la cité prise d'assaut, et le lendemain, à l'aube du jour, elles recommencent à transférer leur proie. Quand elles ont enlevé toutes les nymphes, elles se portent les unes les autres dans la fourmilière mixte, jusqu'à ce qu'il n'en reste plus qu'un petit nombre. Mais j'aperçois quelques couples aller dans un sens contraire ; leur nombre augmente ; une nouvelle résolution a sans doute été prise par ces insectes vraiment belliqueux : un recrutement nombreux s'établit sur la fourmilière mixte, en faveur de la ville pillée, et celle-ci devient la cité sanguine. Tout y est transporté avec promptitude : nymphes, larves, mâles et femelles, auxiliaires et amazones, tout ce que renfermait la fourmilière mixte est déposé dans l'habitation conquise, et les fourmis sanguines renoncent pour jamais à leur ancienne patrie. Elles s'établissent aux lieu et place des noir-cendrées, et de là entreprennent de nouvelles invasions. »

4° La fourmi *noir-cendrée*, qui a reçu ce nom de sa couleur ; elle est une de celles qu'Hubert appelle fourmi *maçonne*, parce que les monticules qu'elle élève sur son habitation res-

semblent à de petits édifices bâtis en terr
grossière et raboteuse.

5° La fourmi *brune*, appelée par le même
auteur fourmi *maçonne*; elle est remarquable
aussi par la perfection qu'elle apporte dans
ses constructions; mais elle offre cette particularité qu'elle ne sort guère que la nuit et
jamais ou presque jamais le jour.

6° Une des espèces les plus communes, celle
qui est répandue par toute la France, c'est
celle qu'on appelle la fourmi *roussâtre*.

Enfin il serait difficile de rendre compte
ici de toutes les espèces de fourmis, et surtout de donner la description de tous les insectes qu'on désigne ordinairement par ce
nom, et dont les naturalistes ont formé beaucoup de sous-genres et même plusieurs genres.

LES SPHEX.

Les sphex sont des insectes fort agiles, vivant sur les fleurs dont ils pompent les sucs,
et dont le plus grand nombre des espèces est
étranger à nos climats. Leur forme svelte les
rapprocherait, pour l'aspect, des ichneu-

mons avec lesquels **Linné** les avait confondus : ils ont aussi dans leur forme quelque chose qui rappellerait également des guêpes très-élancées ou des fourmis pourvues de leurs ailes. On ne trouve dans ce genre d'animaux que des individus de deux sortes ; leurs pieds leur servent à fouir, et l'extrémité de leur abdomen est pourvue d'un aiguillon qui peut occasioner une piqûre douloureuse.

Les mœurs des sphex sont assez curieuses. Ils vivent ordinairement dans des terrains sablonneux, et c'est là que la femelle peut aisément creuser son nid quand l'époque de la ponte arrive. Lorsque, avec ses pattes et ses mâchoires, elle est parvenue à se creuser une galerie d'une profondeur suffisante, elle s'envole et s'en va au loin chercher une chenille; dès qu'elle a pu en trouver une, elle fond sur elle, la perce de son dard et la porte entre ses mâchoires jusqu'au fond de son trou, où elle la dépose. Puis elle pond un seul œuf à côté de la chenille, et satisfaite de la certitude que sa larve trouvera en naissant sa nourriture, elle ferme l'entrée de son nid avec une pierre ou avec un peu de terre pour en défendre l'accès à tout ennemi, et s'en va recommencer une nouvelle ponte.

LES GUÊPES.

La forme bien connue des guêpes se rapproche beaucoup de celle des animaux précédents. Comme genre, elles se distinguent par des antennes de treize articles chez les mâles et de douze chez les femelles, antennes qui sont en forme de massue et pointues au bout; par des mandibules fortes et dentées. Ces animaux présentent aussi des individus de trois sortes, vivant en société, comme les fourmis. Les femelles et les neutres sont pourvus à leur abdomen d'un aiguillon très-fort et venimeux.

Les mœurs de ces trois sortes d'individus sont semblables à celles que nous avons déjà observées dans les fourmis. Les mâles et les femelles ont pour objet la reproduction de l'espèce. Les neutres, plus petites et semblables à des femelles avortées et privées d'ovaires, se chargent des soins du ménage. La demeure des guêpes est préparée par elles; elles broient avec leurs mandibules des écorces et diverses matières végétales, en forment une pâte qui, en se durcissant, devient une sorte de carton, et c'est avec cette pâte qu'elles forment les rayons de leur guêpier. Ces rayons sont des amas de cellules à six pans, réunies les unes aux autres sur un même plan en une sorte de gâteau. Les gâteaux ainsi formés sont placés horizontalement les uns sur les autres, assez espacés, cependant, pour que les guêpes puissent aisément circuler entre eux, et ils ont les ouvertures des alvéoles, ou cellules, tournées en bas. Le tout est entouré d'une enveloppe générale et soutenu par une espèce de pied ou de tige fixé le plus souvent à une branche d'arbre. D'autrefois ces nids sont établis sous des toits, dans des vieux murs, dans des troncs d'arbres pourris ou même dans la terre, selon les espèces.

La plus grande partie du travail repose, dans chaque guêpier, sur les soins des neutres. comme il vient d'être dit. Quoique plus petites, elles sont plus actives que les femelles, elles vont à la provision, sont continuellement à la chasse ou à piller. Les unes prennent de force des insectes qu'elles portent à leur guêpier; d'autres vont dans les boucheries s'attacher à la pièce de viande qu'elles préfèrent, et, après s'en être rassasiées, en portent de petits lambeaux dans leur nid. Enfin, on en voit d'autres qui se répandent dans les jardins et dans les vergers, y rongent, y sucent et y ravagent les fruits. Mais toutes cependant reviennent à leur demeure, chargées de butin pour en faire part aux mâles, aux femelles ou à d'autres guêpes neutres. Les femelles, plus grosses et plus lourdes, travaillent moins; à l'époque de la ponte surtout, elles cessent de voler dans la campagne pour donner tous leurs soins à leurs petits. Quelquefois une seule femelle habite le guêpier, mais souvent aussi on en voit un nombre plus considérable, nombre qu'on a vu quelquefois s'élever jusqu'à trois cents. Lorsque les larves sont écloses, les mères et les neutres leur apportent la becquée dans le fond de leurs cellules; enfin, peu de temps après, ces mêmes larves en ferment l'ouverture avec une sorte de soie qu'elles filent elles-mêmes et se métamorphosent en nymphes et en insectes parfaits.

Un guêpier ne dure qu'une année; dès que l'automne arrive, le plus grand nombre de ses habitants périt. Il se fait alors un cruel changement de scène. Les guêpes sentant les atteintes du froid, et jugeant qu'elles ne pourront plus nourrir leurs petits, préfèrent leur donner la mort; on les voit arracher des cellules les larves qui ne les ont point encore fermées et les porter hors du guêpier ; rien n'est épargné, ni sexe, ni âge ; les mulets arrachent indifféremment les larves de mulets, de mâles ou de femelles de leurs cellules, et même les rongent un peu au-dessous de la tête. Le massacre est général et les mâles s'en mêlent comme les autres guêpes.

On distingue un assez grand nombre d'espèces de guêpes, mais leur histoire détaillée offre trop peu d'intérêt pour que nous ayons à la rapporter ici.

LES ABEILLES.

Qui ne s'intéresse à l'histoire de ces laborieuses abeilles connues déjà dès la plus haute antiquité par leur curieuse industrie? L'économie domestique n'est pas la seule à y trouver satisfaction ; le plus simple admirateur de la nature, comme la plus haute philosophie y rencontrent, à la fois, les plus étonnantes merveilles et les problèmes les plus piquants et les plus insolubles.

Le type des abeilles, quelle que soit la diversité des genres et des espèces que les naturalistes aient voulu créer parmi ces insectes, est l'*abeille commune*; aussi est-ce à elle que nous devons rapporter surtout l'étude de ces animaux. Bien des familles, bien des genres ou des sous-genres ont été formés, mais on reconnaîtra facilement les insectes qui peuvent se rapprocher de ce groupe, à la faculté qu'ils ont de produire le miel, et surtout à la forme de leurs jambes, qui ont le premier article aplati et large, semblable à une petite palette destinée à la récolte du pollen des fleurs, et dont la surface garnie de poils lui a fait donner le nom de *brosse*. La jambe est également dilatée vers le bas, et forme en dehors un enfoncement destiné au même usage, ce qui lui a valu le nom de *corbeille*. Leurs mâchoires et leurs lèvres sont ordinairement fort longues et composent une sorte de trompe. La forme de leur corps est moins svelte que celle des guêpes; souvent il est velu, et toujours il est pourvu, à son extrémité postérieure, d'un aiguillon qui sort et rentre à volonté dans l'abdomen, et dont la piqûre venimeuse produit une douleur cuisante. Il est presque inutile d'ajouter que les abeilles ont des ailes membraneuses, transparentes, et qu'elles volent parfaitement bien.

Ces insectes vivent en commun, et forment des sociétés nombreuses, bien connues.

et réunies dans une même habitation, appelée *ruche*. Ces sociétés se composent d'individus de trois sortes ; de mâles, de femelles et d'ouvrières ou neutres. A chacune de ces trois sortes d'individus appartiennent des particularités d'organisation qui les distinguent.

Les mâles ont la tête ronde, les ailes de la longueur du corps, l'abdomen dépourvu d'aiguillon et la pièce carrée des tarses privée de brosses. On les appelle quelquefois les *faux bourdons* ou simplement les *bourdons*.

Les femelles, connues sous le nom de *reines*, sont plus grosses. Leur tête a la forme d'un triangle aplati d'avant en arrière ; deux des angles de ce triangle supportent chacun un œil latéral et à facettes, et dans l'intervalle sont placés trois yeux lisses, plus petits, qui existent aussi chez les mâles, mais plus en avant. Les ailes sont plus courtes chez les femelles, elles ne recouvrent pas tout l'abdomen. A l'extrémité de ce dernier on trouve un aiguillon percé d'un canal par lequel peut couler le venin que fournit une petite vésicule placée à côté des intestins. Les ouvrières, toujours plus petites que les précédentes, s'en rapprochent beaucoup cependant quant à l'organisation, et ne semblent guère que des femelles avortées. Leur tête et leurs yeux ont la même disposition et la même forme; les ailes sont plus longues et l'aplatissement des pattes postérieures est bien plus considérable que chez les individus précédents. La brosse est aussi amplement développée.

Chacune de ces trois castes d'abeilles a ses attributions particulières, pour le maintien de la société. Les ouvrières sont seules chargées du travail; elles construisent les cellules de cire qui composent les gâteaux, soignent les larves et vont à la récolte du miel et du pollen des fleurs. Lorsque les abeilles ouvrières veulent construire leurs gâteaux, ce qui arrive ordinairement au printemps, elles choisissent une cavité assez spacieuse où elles puissent établir leur demeure, soit dans quelque tronc d'arbre quand elles sont à l'état sauvage et qu'elles habitent les forêts; ou bien elles s'établissent dans l'asile que l'homme leur offre lorsqu'il veut utiliser leurs produits et en faire une sorte d'animal domestique. Bientôt elles parcourent la campagne, pénètrent dans le calice des fleurs, y pompent avec leur trompe la liqueur sucrée qu'il renferme, chargent leurs brosses et leurs corbeilles de la poussière des étamines, et reviennent au logis ainsi chargées de leur butin; c'est alors qu'elles se mettent en devoir de construire avec de la cire, des *gâteaux* ou *rayons*, composés de deux plans d'*alvéoles* ou de cellules, adossés par le fond, et qui s'élèvent perpendiculairement comme des cloisons qui sépareraient, à des intervalles égaux, l'intérieur de la ruche. Dire de quoi ces insectes composent la cire dont ils font un si grand usage, serait peut-être difficile, quoique l'on présume bien qu'elle résulte d'une élaboration intérieure et simultanée du miel et de la poussière des fleurs. Mais ce qui est mieux connu, c'est la manière dont cette cire est produite. En dessous des anneaux qui forment le ventre des abeilles, et de chaque côté, aboutissent des poches qui sécrètent cette matière; puis celle-ci se moule en forme de lames et sort des intervalles des anneaux. C'est là que l'abeille saisit la cire avec ses pattes et ses mandibules, puis elle la mâche, l'élabore et s'apprête à bâtir.

Un grand nombre d'abeilles agissent ordinairement de concert à la même place, déposent la cire, hachée et préparée, contre la voûte de la ruche, en une masse épaisse; puis commencent à y creuser des cellules, non point arrondies, mais formées de six côtés contigus aux cellules voisines, et elles forment ainsi des rayons de cellules adossées, en procédant de haut en bas. Les cellules sont toujours de trois dimensions et ont trois destinations, différentes : les plus petites, situées à la partie supérieure de chaque gâteau, sont destinées à recevoir les œufs qui produiront plus tard des ouvrières ; les inférieures, plus étendues dans toutes leurs dimensions, et bâties à la suite des précédentes, doivent contenir les larves des mâles ; et les troisièmes, ou les plus grandes, les vers royaux qui se métamorphoseront en femelles ou reines. Ces dernières, appelées cellules *royales*, sont ordinairement placées sur les bords du gâteau et dans une situation verticale, elles sont suspendues, toujours l'ouverture en bas, et souvent détachées en forme de stalactites ; rien n'est épargné pour leur construction ; on y trouve ampleur et solidité à tel point que le poids d'une loge royale équivaut au moins à celui de cent cellules ordinaires ; elles sont aussi les moins nombreuses et varient de seize à vingt. Cela fait, les abeilles s'en vont chercher sur différents arbres, et particulièrement sur les bourgeons du peuplier sauvage, une matière résineuse à laquelle on donne le nom de *propolis* et s'en servent pour encadrer les bords de l'ouverture des cellules. Elles emploient aussi cette matière pour mastiquer toutes les ouvertures de leur ruche et consolider la base de leurs gâteaux.

C'est dans cette habitation que vit, au milieu de la multitude d'ouvrières et d'un grand nombre de mâles, une seule femelle destinée à perpétuer l'espèce et que l'on désigne par le nom de *reine*. Avec le printemps vient la saison des amours : la jeune reine, âgée à peine de quelques jours, sort de la ruche et s'élève dans les airs jusqu'à ce que quelque mâle vienne à sa poursuite. Souvent il arrive qu'elle rentre sans avoir fait de rencontre ; mais quelquefois son excursion est plus heureuse, et une seule rencontre suffit ordinairement pour la rendre féconde pendant deux années et même, à ce que l'on pense, pendant sa vie entière. Ce qu'il y a de singulier, c'est que les mâles paraissent fort indifférents dans l'intérieur de la ruche où ils sont très-nombreux et que ce n'est jamais que dans les hauteurs de l'air que leur approche a lieu ; des expériences très-décisives ne laissent nul doute sur cette question. Revenue à sa demeure, la reine, jusque-là indifférente à la multitude, se voit entourée de ses soins et de ses hommages ; mais c'est surtout à l'époque de la ponte que les ouvrières s'empressent de a frotter avec leur trompe, comme pour la nettoyer, et de lui offrir du miel pour sa nourriture.

Les œufs sont successivement déposés dans les diverses cellules, même lorsqu'elles ne sont pas encore achevées, et cette ponte dure pendant toute la belle saison. Elle commence par les œufs d'ouvrières qui sont confiés aux cellules les plus petites, puis viennent ceux des mâles dans les cellules moyennes, et enfin ceux des femelles dans les cellules royales. Si, par hasard, il arrive que la reine, pressée de pondre, dépose deux ou trois œufs dans la même cellule, les ouvrières ne manquent pas d'enlever le surcroît et de ne laisser qu'un seul œuf dans le fond de chacune.

Bientôt les œufs éclosent; et, trois jours seulement après la ponte, on voit une jeune larve sortir de l'enveloppe et s'agiter dans l'alvéole. Inhabile, elle périrait bientôt faute de nourriture, si de nouvelles ouvrières ne venaient à son secours. Celles-ci, plus petites et plus délicates que les précédentes ou les *cirières*, ont été désignées, à cause de leurs fonctions, par le nom de *nourrices ;* elles vont recueillir la poussière des fleurs, puis la mélangent avec du miel et en font une sorte de pâtée destinée à nourrir les larves, la consistance et la quantité de cette nourriture étant toujours appropriées au degré de développement et à la force des nourrissons. Le ver, au bout de cinq jours, a pris tout son accroissement; il a changé plusieurs fois de peau. Alors les ouvrières forment un petit couvercle au-dessus de l'ouverture de sa cellule, et celui-ci file dans l'espace de trente-six heures une coque de soie dans laquelle il s'enveloppe, et il passe à l'état de nymphe au bout de trois jours. Enfin, environ vingt jours après la ponte, l'insecte a acquis son état parfait et commence aussitôt à se mettre à l'œuvre, s'il fait partie des ouvrières.

Il est facile de sentir que la continuité et la fécondité de la ponte, jointes au peu de temps qu'exige le développement de l'insecte, doivent amener bientôt dans la ruche une surabondance d'habitants et qu'une émigration devient nécessaire. C'est ce qui arrive en effet : plusieurs milliers d'habitants, ne trouvant plus de place dans la ruche, se groupent par tas en dehors. Un bourdonnement particulier se fait entendre dans l'intérieur de l'habitation, où quelquefois on remarque un calme qui n'est pas ordinaire; enfin une multitude d'abeilles, ayant la reine à leur tête, abandonnent l'habitation pour former une colonie errante qu'on nomme un *essaim*. Les insectes qui composent cette colonie vont bientôt s'arrêter et se fixer en un lieu quelconque, et plus particulièrement sur quelque branche d'arbre où ils se cramponnent les uns aux autres, de manière à former une sorte de grappe suspendue sous le feuillage. La reine, loin d'abandonner sa colonie, préside, en quelque sorte, à cet arrangement. Elle se tient dans le voisinage jusqu'à ce que tout soit réuni, puis elle se fixe au groupe la dernière. Plusieurs de ces émigrations ont lieu pour la même ruche dans le cours d'une seule année, et on le comprendra aisément si on se rappelle que Réaumur a évalué à douze mille le nombre des œufs qu'une femelle pond au printemps, dans l'espace de vingt jours.

Des circonstances bien singulières accompagnent la formation de ces essaims, et par suite la composition des ruches. Une seule reine vit dans la demeure des abeilles et part en tête de leur colonie, comme nous l'avons vu ; mais cette reine est toujours la plus âgée ; et elle ne se décide à l'émigration que lorsque, parmi sa nombreuse progéniture, une nouvelle reine vient de naître. Il en est de même de cette dernière, dont les pontes se succèdent rapidement pour ne cesser qu'en automne. Il est vrai que plusieurs œufs ont été ordinairement déposés à la fois dans diverses cellules royales, et que plusieurs femelles peuvent éclore presque en même temps. Alors, la première née, comme jalouse déjà de sa domination, se jette sur ses rivales et les anéantit dans leurs alvéoles, en les perçant profondément de son dard. Cette haine des reines entre elles, née déjà au sortir du berceau, se prolonge pendant tout le cours de leur existence. Hubert nous a laissé de curieuses expériences à ce sujet. Voici comment il s'exprime : « J'avais en particulier une ruche dans laquelle se trouvaient cinq à six cellules royales, dont chacune renfermait une nymphe : l'une d'elles étant plus âgée, subit avant les autres la dernière transformation. Il y avait à peine dix minutes que cette jeune reine était sortie de son berceau, qu'elle alla visiter les autres cellules royales fermées ; elle se jeta avec fureur sur la première qu'elle rencontra : à force de travail, elle parvint à en ouvrir la pointe ; nous la vîmes tirailler avec les dents la soie de la coque qui y était renfermée ; mais probablement ses efforts ne réussissaient pas à son gré, car elle abandonna ce bout de la cellule royale, et alla travailler à l'extrémité opposée, où elle parvint à faire une plus large ouverture ; quand elle l'eut assez agrandie, elle se retourna pour y introduire son ventre ; elle y fit divers mouvements en tous sens, jusqu'à ce qu'enfin elle réussit à frapper sa rivale d'un coup d'aiguillon mortel. Alors, elle s'éloigna de cette cellule, et les abeilles qui étaient restées jusqu'à ce moment spectatrices de son travail, se mirent, après son départ, à agrandir la brèche qu'elle y avait faite, et en tirèrent le cadavre d'une reine à peine sortie de son enveloppe de nymphe. » Puis le même auteur ajoute plus loin : « Deux jeunes reines sortirent de leurs cellules presque au même moment, dans une de nos ruches les plus minces. Dès qu'elles furent à portée de se voir, elles s'élancèrent l'une contre l'autre avec l'apparence d'une grande colère, et se mirent dans une situation telle que chacune avait ses antennes prises dans les dents de sa rivale ; la tête, le corselet et le ventre de l'une étaient opposés à la tête, au corselet et au ventre de l'autre ; elles n'avaient qu'à replier l'extrémité postérieure de leurs corps, elles se seraient percées réciproquement de leur aiguillon, et seraient mortes toutes deux dans le combat. Mais il semble que la nature n'a pas voulu que leurs duels fissent périr les deux combattantes ; on dirait qu'elle a ordonné aux reines qui se trouveraient dans la situation que je viens de décrire (c'est à-dire en face et ventre contre ventre), de se fuir à l'instant même avec la plus grande précipitation. Aussi, dès que les deux rivales dont je parle sentirent que leurs parties postérieures allaient se rencontrer, elles se dégagèrent l'une de l'autre, et chacune s'enfuit de son côté. »

Enfin, il serait impossible de ne pas rapporter textuellement encore le fait suivant, raconté par un observateur aussi exact que celui que nous venons de citer : « Cette observation, » dit-il, « prouvait que les reines vierges se livrent entre elles des combats singuliers. Nous voulûmes voir ensuite si les reines fécondes et mères avaient les unes contre les autres la même animosité. Nous choisimes, pour cette nouvelle observation, le 22 juillet, une ruche plate, dont la reine était très-féconde ; et comme nous étions curieux de savoir si elle détruirait les cellules royales, ainsi que le pratiquent les reines vierges, nous plaçâmes d'abord au milieu de son gâteau trois de ces cellules fermées. Aussitôt qu'elle les aperçut, elle s'élança sur le groupe qu'elles formaient, les perça vers leur base, et ne les quitta qu'après avoir mis à découvert les nymphes qui y étaient renfermées. Les ouvrières qui, jusqu'à ce moment, étaient restées spectatrices de cette destruction, vinrent alors pour enlever les nymphes royales ; elles prirent avidement la bouillie qui reste au fond de ces cellules ; elles sucèrent aussi ce qui se trouvait de fluide dans l'abdomen des nymphes, et finirent par détruire les cellules d'où elles les avaient tirées.

Nous introduisîmes ensuite dans cette même ruche une reine très-féconde, dont nous avions peint le corselet pour la distinguer de la reine régnante : il se forma très-vite un cercle d'abeilles autour de cette étrangère ; mais leur intention n'était pas de l'accueillir ou de la caresser; car, insensiblement, elles s'accumulèrent si bien autour d'elle, et la serrèrent de si près, qu'au bout d'une minute elle perdit sa liberté et se trouva prisonnière. Ce qu'il y a ici de très-remarquable, c'est qu'en même temps, d'autres ouvrières s'accumulaient autour de la reine régnante, et gênaient tous ses mouvements. Nous vîmes l'instant où elle allait être enfermée comme l'étrangère. On dirait quelquefois que les abeilles prévoient le combat que vont se livrer les deux reines, et qu'elles sont impatientes d'en voir l'issue, car elles ne les retiennent prisonnières que lorsqu'elles pa-

raissent s'écarter l'une de l'autre ; et si l'une
des deux, moins gênée dans ses mouvements,
semble vouloir se rapprocher de sa rivale,
alors toutes les abeilles qui formaient ces
massifs s'écartent pour leur laisser l'entière
liberté de s'attaquer ; puis elles reviennent
les serrer de nouveau si les reines paraissent
encore disposées à fuir. Nous avons vu ce fait
très-souvent ; mais il présente un trait si neuf
et si extraordinaire de la police des abeilles,
qu'il faudrait le revoir mille fois pour oser
l'assurer positivement. »

Vers les mois de juillet et d'août, époque
où la formation des essaims a complètement
cessé, il se passe de bien autres et bien étran-
ges événements dans l'intérieur des ruches. A
jour fixe, et au même instant, les ouvrières
d'une même habitation se précipitent furieuses
et en grand nombre sur les mâles, les chassent
de tous les gâteaux, les poursuivent jusqu'au
fond de la ruche et en font un horrible massacre. Dans la rage qui les anime, elles les
saisissent avec leurs mâchoires, les tirent en
sens divers et enfoncent, à coups redoublés,
leur aiguillon dans l'abdomen de ces malheureux qui étendent leurs ailes avec un
tremblement convulsif et qui expirent sans
défense.

Toutes ces circonstances, qui n'ont presque encore excité que l'étonnement des observateurs, solliciteront aussi sans doute leur curiosité et trouveront un jour leur explication. Déjà la formation des essaims, circonstance si singulière de la vie des abeilles, ne reste pas sans raison appréciable. Les naturalistes s'accordent à trouver la cause prochaine du départ, dans l'antipathie que les femelles éprouvent les unes pour les autres, et dans l'inquiétude qui en résulte pour les ouvrières. On a déjà vu que lorsqu'une reine vient d'éclore, elle se dirige aussitôt vers les cellules royales pour en détruire les habitants ; mais il arrive ordinairement que ce massacre est prévenu et empêché par un certain nombre d'ouvrières qui sont là comme une garde vigilante. Dans ce cas, l'audacieuse reine est poursuivie et harcelée avec opiniâtreté ; ne sachant plus où se retirer, elle parcourt avec vitesse les gâteaux, met en mouvement toutes les abeilles qu'elle rencontre sur son passage. L'agitation est bientôt générale ; plusieurs individus se précipitent vers l'entrée de la ruche ; la reine participe à cette impulsion ; elle sort, s'envole et est suivie par un grand nombre d'abeilles. La chaleur qui résulte de tant d'agitation entre aussi pour quelque chose dans cette nombreuse émigration. Elle est si considérable, que le thermomètre de Réaumur s'élève jusqu'à trente-deux degrés dans des ruches où auparavant il restait à vingt-neuf. Il est encore un fait des plus insolites dans l'histoire générale des animaux, c'est celui de l'existence d'êtres neutres ne participant à aucune des prérogatives des deux sexes; mais ce même fait, loin d'être en dehors des règles ordinaires de l'organisation, sert au contraire à démontrer l'*unité de plan* qu'on retrouve toujours au milieu des diversités les plus apparentes. Ces nombreuses ouvrières, adonnées aux soins qu'exige la perpétuité de la race des abeilles, ne sont que les femelles mêmes dont l'extrême fécondité de l'espèce, accompagnée de quelques circonstances encore difficiles à déterminer, a pu annuler le rôle. Dès-lors, atrophie des organes reproducteurs voués à l'inutilité; mais aussi, et par une conséquence nécessaire, par une sorte de *balancement des organes* qui rend profitable aux uns les sucs nourriciers qui n'ont pas été pris par les autres, les pattes postérieures, voisines des organes atrophiés, ont joui d'un surcroît de nutrition, et, démesurément agrandies, elles ont naturellement formé cette corbeille si utile à la récolte du pollen des fleurs. Une pareille explication, que le simple jugement semble déjà faire pressentir, est pleinement confirmée par les faits. Des dissections exactes ont démontré dans les abeilles ouvrières les organes de la génération ; mais seulement, comme nous l'avons dit, ces mêmes organes ont éprouvé un arrêt dans leur développement; ils sont à l'état rudimentaire. Ce n'est pas tout encore : il est certain que les abeilles ouvrières ne restent pas toujours réduites à un état complet de nullité, et qu'il arrive souvent à quelques-unes d'entre elles de pondre des œufs féconds. Enfin, Riem, Schirach et Huber ont fait voir combien de simples circonstances extérieures peuvent influer sur ces développements divers d'organisation; ils ont les premiers signalé cette particularité, que lorsque des larves d'ouvrières viennent à être nourries avec l'espèce de bouillie qui est exclusivement destinée à l'éducation royale, l'influence de ce genre de nourriture est telle qu'elle suffit pour développer les organes, rendre ces ouvrières fécondes, en un mot, les transformer en reines.

Il y a certainement quelque chose d'aveugle, que le temps et des recherches faites dans ce sens nous dévoileront sans doute un jour, dans la prétendue industrie de la plupart des insectes et des abeilles en particulier. La prévision et l'intelligence sont loin de présider à toutes ces merveilles ; il semble bien plutôt qu'il y ait nécessité de la part de leur organisation. On croirait, à voir les hommages que la foule des neutres rend à la reine et les soins dont elle environne sa progéniture, particulièrement celle qui doit perpétuer la souveraineté, qu'elle discerne toute l'importance de sa mission ; mais il n'en est rien : les abeilles, comme l'observe Huber, qui reconnaissent si bien les vers des mâles, lorsque les œufs dont ils sortent ont été pondus dans les petites cellules, ne les reconnaissent plus lorsque ces œufs ont été pondus dans des cellules royales, et les traitent exactement comme s'ils devaient se métamorphoser en reines. « Cette *irrégularité*, dit l'auteur dont nous parlons, tient à quelque cause que je ne pénètre pas. » Loin de voir là une irrégularité, il semble bien plutôt qu'on doive y trouver la preuve de ce que nous venons d'avancer, et celle de la parfaite concordance de tous les phénomènes de la nature qui ne paraissent irréguliers à nos yeux que lorsque l'état de nos connaissances ne nous permet pas encore de les apprécier.

Une des considérations les plus importantes dans l'histoire des abeilles, est celle qui se rapporte à la production du miel, dont on tire un si grand parti, et aux vues économiques qui peuvent en résulter. Cette industrie, comme toute autre, est susceptible de progrès. Dans nos campagnes, et presque partout, on voit des ruches, qui ne sont autre chose que des caisses en bois ou des cônes creux de paille enduits de terre, dans lesquels travaillent les abeilles. Ces habitations sont peuplées au moyen d'essaims que l'on prend dans les champs au moment où la multitude émigrée de la ruche natale vient de se fixer tout entière à quelque branche d'arbre, et que la reine elle-même s'est jointe à la colonie. Schirach, qui avait le premier observé que les abeilles qui ont perdu leur reine peuvent s'en procurer une autre en élevant des larves d'ouvrières avec de la gelée royale, eut aussi le premier l'idée de former des essaims d'une manière pour ainsi dire artificielle, en les divisant; de sorte qu'une partie des abeilles se trouvant privée de sa reine, fut obligée d'en faire naître une autre.

Mais une des plus intéressantes améliorations en ce genre, est celle des ruches à feuillets de Huber. On se rappelle que les abeilles construisent leurs gâteaux perpendiculairement, et parallèles les uns aux autres, dans toute l'étendue de leur habitation; Huber conçut l'idée de construire une ruche divisée, à peu près, en autant de tranches verticales que les abeilles pouvaient former de gâteaux. Ces tranches sont des cadres en bois, au nombre de douze, accolés les uns aux autres en une série, et soutenus ainsi par un lien qui les unit. Le premier et le dernier de ces cadres complètent la boîte et se terminent par une planche, en fond de tiroir. C'est au bas de ces cadres que l'on pratique les ouvertures servant d'issue aux abeilles. On comprend maintenant combien il est aisé de séparer la ruche en deux, lorsqu'on veut diviser l'essaim, pourvu toutefois qu'on ait soin de fermer toute ouverture du côté où sont les abeilles privées de reine; sans quoi elles ne manqueraient pas d'arriver bientôt dans la portion de ruche où se trouve cette dernière. Si l'on veut aussi faire produire plus de cire aux abeilles, il suffit d'enlever un des feuillets de la ruche, ou plusieurs successivement avec leurs gâteaux, et d'en mettre de vides à la place, avec une petite portion de gâteau dans un des angles d'en haut; les ouvrières ne tardent pas à continuer celui-ci jusqu'en bas.

Il est quelques autres soins à prendre dans la culture des abeilles, ce sont particulièrement ceux de l'alimentation. On sait combien la nature du sol et de ses productions influent sur les qualités du miel, et combien il est peu de pays qui en produisent de bon, bien qu'on élève des abeilles presque partout. Il est quelques végétaux, par exemple, dont on évite le voisinage, et tels sont les tilleuls qui donnent au miel un goût désagréable. D'autrefois on recherche au contraire les plantes favorables; c'est ce qui arrive dans le Soissonnais où l'on ne craint pas de déplacer les ruches et de les transporter en Champagne, pour que les abeilles puissent aller paître dans les champs de sarrazin que l'on cultive dans ce pays. Ceci formerait une étude spéciale et fort intéressante, mais qu'il serait impossible de traiter ici plus au long.

GÉNÉRALITÉS

SUR LES HYMÉNOPTÈRES.

Là se termine un groupe d'insectes que les naturalistes ont nommés *hyménoptères* ou insectes à *ailes membraneuses*. Ce caractère, il est vrai, ne les séparerait pas seul du groupe précédent, où les ailes ont le même aspect, mais on peut observer cependant qu'ici les nervures sont moins marquées que chez les *névroptères*, et que les ailes supérieures sont toujours plus grandes que les inférieures. Leur disposition offre cette particularité que dans l'état de repos elles sont croisées horizontalement sur le corps. Ces animaux se distinguent encore, en ce que leur abdomen est le plus souvent suspendu à l'extrémité postérieure du corselet par un petit pédicule; cet abdomen est lui-même terminé par une tarière ou un aiguillon. La métamorphose est complète, chez les hyménoptères, et le cercle de leur existence est entièrement parcouru dans l'espace d'une année, pour le plus grand nombre du moins.

Voici comment on peut ranger les divers genres, établis dans cet ordre, en six familles :

Ordre.	Familles.	Genres.
Hyménoptères.	Porte-scie.	Tenthrèdes. Sirex.
	Pupivores.	Ichneumons. Cynips.
	Hétérogynes.	Fourmis.
	Fouisseurs.	Sphex.
	Diploptères.	Guêpes.
	Mellifères.	Abeilles.

Les *porte-scie* se distinguent par leur abdomen qui est immédiatement uni au corsage sans pédicule ; les *pupivores*, au contraire, en ce qu'il y a un rétrécissement ou même un petit filet au point de jonction de ces deux parties du corps : les *hétérogynes* sont remarquables par l'existence de trois sortes d'individus, les neutres étant toujours sans ailes ; les *fouisseurs* n'en ont que deux sortes qui sont ailés, mais qui se caractérisent en ce que ces ailes sont toujours étendues ; les *diploptères* ont les ailes supérieures doublées longitudinalement dans le repos ; les *mellifères* ont les pieds postérieurs propres à recueillir le pollen des fleurs.

CHAPITRE IX.

§ Ier. — *Insectes Lépidoptères.*

LES PAPILLONS.

Il ne faut pas croire qu'en histoire naturelle on donne aujourd'hui le nom de *papillons* à cette multitude d'êtres brillants et légers qu'on désigne vulgairement par ce nom. On n'appelle ainsi que les espèces qui se montrent pendant le jour, et dont les ailes se tiennent, pour la plupart du moins, élevées perpendiculairement dans l'état de repos. Le genre *papillon*, ainsi circonscrit par Linné, compose à lui seul un groupe assez nettement distinct de ceux qui l'avoisinent, pour être

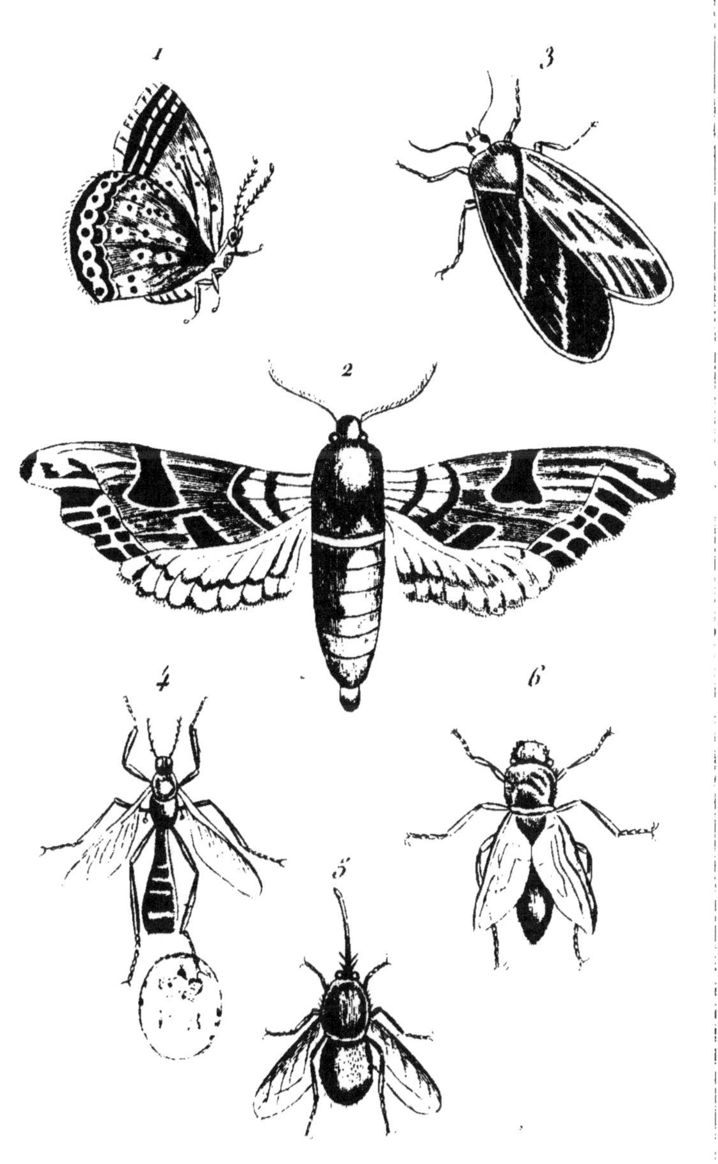

1. Papillon. 2. Sphinx. 3. Phalène. 4. Tipule.
5. Cousin. 6. Taon.

regardé par les naturalistes modernes comme constituant toute une famille.

C'est ici qu'on observe parfaitement les phases de la métamorphose. A son état de larve, l'insecte prend le nom de *chenille* et vit pendant quelque temps sous cette forme , sur différents végétaux; bientôt elle se change en nymphe et reste suspendue , sans cocon , à quelque plante, soit au moyen d'un fil soyeux qui croise le milieu du corps, soit simplement attachée par la queue. Le jour de liberté luit enfin ; l'enveloppe crève et l'élégant *papillon* va parcourir les vastes plaines de l'air. Que de variétés, que de bigarrures et de brillantes nuances dans cette multitude ailée ! Et cependant, tant de ressemblances unissent ces insectes qu'il est fort difficile d'établir assez de caractères différenciels pour en séparer les espèces d'une manière assez tranchée et assez convenable pour en faciliter l'étude. Dans beaucoup de collections on a conservé l'ingénieuse distribution de Linné et ses poétiques dénominations. Ce père de la méthode les distribuait en cinq phalanges : les CHEVALIERS, qui étaient divisés en chevaliers troyens et en chevaliers grecs ; les HÉLICONIENS ; les DANAÏDES , divisées en danaïdes blanches et danaïdes bigarrées ; les NYM-

PHALES, séparées en celles qui ont des yeux et celles qui n'en ont pas ; enfin les PLÉBÉIENS, divisés en plébéiens ruraux et en plébéiens urbicoles. Mais de nombreux changements furent introduits plus tard dans cette classification par Geoffroy, puis par Degéer, par Fabricius, et enfin de nos jours par Latreille. On pourrait, d'après ce dernier, distribuer les papillons comme nous allons l'indiquer. Deux divisions principales sont établies sur la présence d'une seule ou de deux paires d'épines aux pattes de ces papillons dans le premier cas ; ce sont les *papillonides* qui présentent une seule paire de ces ergots à l'extrémité de leurs jambes postérieures, et dont les quatre ailes s'élèvent perpendiculairement dans l'état de repos. La seconde division, ou celle des *hespérides*, offre deux paires d'épines aux jambes postérieures et des ailes qui se tiennent horizontales. Ces deux sections contiennent plusieurs sous-genres, renfermant eux-mêmes un grand nombre d'espèces dont nous ne citerons que les principales.

1º Parnassiens.

LES PAPILLONS proprement dits forment un premier sous-genre distingué en ce que les palpes inférieurs de la bouche sont très-courts; ils sont formés de trois articles, mais le dernier est peu distinct, et enfin ces palpes atteignent à peine en longueur cette partie de la tête qui s'avance au-dessus de la bouche et qu'on nomme le chaperon. On range ici comme espèces :

Le *grand porte-queue* ou *le papillon à queue du fenouil*, dont la chenille vit en effet sur cette plante, sur la carotte ou sur d'autres ombellifères. Celle-ci est de couleur verte avec des anneaux noirs ponctués de rouge. Le papillon a des ailes jaunes avec des taches et des raies noires; celles de dessous sont prolongées en une queue qui porte à son extrémité une tache bleue en forme d'œil avec du rouge à l'angle interne.

Le *flambé*, fort commun dans le midi de la France, à ailes également jaunes, traversées de plusieurs raies noires; les postérieures ayant au-dessous de semblables raies dont deux très-rapprochées interceptent une ligne fauve; on voit quelques yeux bleus sur leur bord postérieur.

Les PARNASSIENS. Ici, les palpes inférieures s'élèvent sensiblement au-dessus du chaperon, vont en pointe, et ont trois articles très-distincts. Le bouton qui termine les antennes est court, presque ovoïde et droit, l'espèce principale est :

L'*apollon*, de quatre pouces d'envergure environ, à ailes blanches tachetées de noir, les inférieures ayant quatre taches blanches, bordées d'un cercle rouge et d'un cercle noir. Sa chenille est d'un noir velouté avec une rangée de points rouges de chaque côté et une autre sur le dos. Elle vit sur les grandes montagnes.

Les Piérides ont les palpes inférieurs presque cylindriques, peu comprimés, avec le dernier article presque aussi long que le précédent, et les antennes terminées en une massue ovoïde. Linné leur donnait le nom de *danaïdes blanches*. On trouve dans ce sous-genre :

Le *papillon du chou*, dont la chenille vit en effet sur ce végétal. L'insecte parfait offre des ailes blanches, un peu oblongues ; les supérieures ont le sommet noirâtre, le dessous avec deux points noirs ; les inférieures sont d'un jaune pâle en dessous.

Le *papillon de la rave*, à ailes oblongues et blanches ; les supérieures un peu noirâtres au sommet avec deux taches noires en dessous. Le dessous des inférieures d'un jaune pâle.

L'aurore, commun dans les bois, au printemps, se distingue par ses ailes antérieures mi-parties de blanc et d'aurore, et les postérieures marbrées de vert en dessous.

Les COLIADES, sous-genre séparé du précédent, par des palpes inférieures très-comprimées avec le dernier article beaucoup plus court que le précédent, et par des antennes dont la massue forme un cône alongé et renversé.

Le *papillon citron* offre une espèce commune en Europe, et d'un joli aspect; ses ailes sont d'une couleur citron verdâtre, avec un point rougeâtre sur le milieu.

Le *cléopâtre*, plus commun dans le midi de la France, ne diffère du précédent que par l'absence du point rougeâtre et par la présence aux ailes supérieures d'une tache orangée.

Le *papillon souci* se montre au déclin de l'été; avec ses ailes d'un jaune souci en dessus, et une large bordure noirâtre tachetée de jaune dans la femelle; un point noir vers le milieu des antérieures et un point souci foncé sur les postérieures; six petits yeux à prunelle argentée et iris rouge en dessous des premières; deux yeux réunis bordés de

rouge, et une ligne de points à la face inférieure des secondes.

Les vanesses. Ces papillons diffèrent des
autres par leurs antennes terminées brusquement par un bouton court, en forme de tou-
pie ou ovoïde. Leurs chenilles sont chargées
de nombreuses épines.

Le *paon du jour* ou *œil du jour*, espèce
répandue en Europe, a les ailes dentées et
anguleuses à leur bord postérieur, le dessus
d'un fauve rougeâtre avec une grande tache
en forme d'œil, celle des supérieures rougeâtre au milieu, entourée d'un cercle jaunâtre;
celle des inférieures noirâtre avec un cercle
gris autour et renfermant des taches bleuâtres. Le dessous des ailes est noirâtre. **La
chenille** est noire, pointillée de blanc, avec
des épines velues; on la trouve sur l'ortie.

La *belle dame*, a les ailes dentées; leur dessus est rouge, varié de noir et de blanc; leur
dessous est marbré de gris, de jaune et de brun,
avec cinq taches en forme d'yeux, bleuâtres
sur les bords. La chenille vit solitaire sur les
chardons. Il y en a de brunâtres avec des raies
jaunes; ou de roussâtres, avec des bandes
transverses jaunes. Elle est épineuse.

Le *vulcain* a aussi les ailes dentées un peu
anguleuses dont le dessus est noir et traversé

par une bande d'un beau rouge avec des taches blanches sur les supérieures ; le dessous
est marbré de diverses couleurs. On le voit
souvent voltiger sur les pierres ou le long des
murailles où il s'arrête pour étaler ses brillantes couleurs. Sa chenille est noire, épineuse, avec une suite de traits d'un jaune
citron de chaque côté ; elle vit sur l'ortie.

Le *morio* est encore une espèce à ailes anguleuses, qui parait à deux époques, et dont
la chenille, noirâtre, avec une rangée de taches rouges, vit en société sur le peuplier,
l'osier ou le bouleau. Le papillon a les ailes
d'un noir pourpre foncé avec une bande
jaunâtre ou blanchâtre au bord postérieur,
et une suite de taches bleues au-dessus.

Les NYMPHALES forment un groupe de papillons très-beaux et très-ornés, qui se distinguent surtout des précédents par l'alongement
de la massue que forment les antennes. Leurs
chenilles diffèrent aussi : outre qu'elles n'ont
que quelques épines, ou quelques éminences
charnues, elles s'amincissent vers leur extrémité postérieure, qui est un peu fourchue.

Le *sylvain*, ou *nymphale du peuplier*, est
une espèce assez rare dans ces contrées, mais
que l'on trouve cependant dans les environs
de Paris. Ses ailes sont légèrement dentées,

d'un brun noirâtre en dessus, avec une bande blanche, un cordon de lunules fauves, et une double ligne au bord, d'un bleu ardoisé. La chenille de ce beau papillon est verte, nuancée de brun, avec les deux extrémités rougeâtres.

Le *mars*, appelé aussi *iris*, est un joli papillon à ailes dentées, d'un brun obscur, avec un reflet bleu-violet et changeant dans les mâles, des taches aux ailes supérieures et une bande blanche aux inférieures. Il est rare en Europe.

Le *jasius* a le bord postérieur des premières ailes plus ou moins concave, et le bord correspondant des secondes avec deux queues extérieures très-étroites et très-aiguës. Les ailes supérieures ont, de part et d'autre, une raie et un bord postérieur fauves. Le dessous a un ton ferrugineux vers la base, avec les anneaux et une bande bleue. Ce beau papillon, habitant des contrées voisines de la Méditerranée, et par conséquent du midi de la France, plane dans les airs comme les oiseaux, se tient toujours à de grandes hauteurs, et vient quelquefois se reposer sur les troncs d'arbres exposés au soleil. Sa chenille est verte, puis devient jaune, et sa peau se plisse transversalement. Sa tête est ornée de quatre petites cornes. Elle ne mange que pendant la nuit.

Les POLYMMATES, OU PETITS PORTE-QUEUE, sont distingués par de petites taches imitant des yeux sur leurs ailes.

L'*argus bleu* est, de toutes ces espèces, la plus commune aux environs de Paris, où l'on trouve souvent sa chenille dans le sain-foin. Le papillon mâle a le dessus des ailes d'un bleu d'azur, changeant en violet tendre, avec une petite raie noire suivant le bord postérieur, et une frange très-blanche ; celui des ailes de la femelle est brun, avec une rangée de taches fauves près du bord postérieur, et un trait noir sur le milieu des supérieures. Le dessous des quatre ailes est à peu près le même dans les deux sexes : il est gris, avec une rangée de taches fauves renfermées entre deux lignes de points et de traits noirs près du bord postérieur ; on y voit aussi des points noirs bordés de blanc.

2⁰ Hespérides.

Les HESPÉRIDES, qui sont les papillons plé-béiens urbicoles de Linné, ont des antennes distinctement terminées en bouton ou en massue, et les palpes inférieurs, courts, larges, très-garnis d'écailles en devant. L'espèce la plus commune en France est :

L'*hespérie de la mauve ;* sa chenillle vit sur des mauves ; elle est de couleur grise, avec la tête noire, et quatre points jaunes sur le cou, qui est rétréci. Le papillon a des ailes dentées, d'un brun noirâtre en dessus, avec des taches et des mouchetures blanches ; le bord postérieur est entrecoupé de taches de cette couleur ; le dessous des ailes est d'un gris verdâtre, avec des taches irrégulières semblables.

LES SPHINX.

Les *sphinx* diffèrent des véritables papillons, d'abord par leur aspect et leurs allures, qui leur ont valu quelquefois les noms de *papillon-bourdon* ou de *papillon-oiseau,* à cause de la vivacité de leur vol, qui les fait bourdonner dans nos maisons, et des écailles de leur corps, qui ressemblent parfaitement à de petites plumes. Mais, comme genre, ces insectes se distinguent en ce que, près de l'origine du bord externe de leurs ailes inférieures, on trouve une soie raide, écailleuse, en forme de crin ou d'épine, qui passe dans un crochet du dessous des ailes supérieures, et les maintient, lorsqu'elles sont en repos, dans une situation horizontale ou inclinée. Enfin, un autre caractère générique se tire de la forme de leurs antennes, qui sont en massue alongée, soit prismatique, soit en fuseau. Ces papillons ont été considérés aussi comme formant toute une famille que Latreille désigne par le 'nom de *crépusculaires*, et que l'on a séparée même en plusieurs genres ou sous-genres; mais nous les rangerons ici, pour plus de simplicité, en un seul groupe et sous leur première dénomination de *sphinx*, qui a été tirée pour eux de la fable, à cause, sans doute, de l'attitude de plusieurs de leurs chenilles, qui peut avoir quelque analogie avec celle de ce monstre. On distingue comme espèces :

Le *sphinx tête de mort*, le plus grand qui se trouve dans notre pays, et qui tire son nom d'une tache jaunâtre, qu'il porte sur le thorax, imitant une tête de mort. Ses ailes supérieures sont variées de brun foncé, de brun jaunâtre et de jaunâtre clair; les inférieures sont jaunes, avec une bande brune. Ces insectes font entendre un bruit aigu que Réaumur attribue au frottement de leurs palpes contre la trompe. Sa chenille, que l'on rencontre sur le jasmin, le troène ou la pomme de terre, est de couleur jaune, avec des raies bleues sur les côtés ; elle a la queue recourbée en zig-zag.

Le *sphinx du tithymale*, qui vit sur cette euphorbe à l'état de chenille, et dont le papillon a le dessus des ailes supérieures d'un gris rougeâtre, avec trois taches et une large bande vertes, et celui des inférieures, rouge, avec une bande noire et une tache blanche. Les antennes sont blanches, et le dessus du corps, d'un vert olive.

Le *sphinx du laurier-rose*, vert, avec des bandes blanchâtres ou plus ou moins foncées sur les ailes supérieures. Une tache de même couleur, avec un point verdâtre à leur base ; leur milieu traversé obliquement par une bande rougeâtre ; le dessus des ailes inférieures, noirâtre au commencement, puis verdâtre vers les bords, et une raie blanche séparant les deux teintes.

Le *sphinx de la vigne*, avec le dessus du corps d'un vert olive, rayé longitudinalement de rouge ; celui des premières ailes, mélangé de ces deux couleurs ; les secondes, rouges, bordées, en arrière, de blanc, avec une bande noire en travers près de la base.

Enfin, on trouve encore d'autres espèces de sphinx en France ; et tels sont le *sphinx du pin*, le *sphinx du liseron*, le *sphinx petit pourceau*, le *sphinx du caille-lait*, le *sphinx fuciforme*, le *sphinx chauve-souris*, le *phénix*, etc.

LES PHALÈNES.

Dans ce groupe sont renfermés les *papillons de nuit*, qui ne volent guère qu'après le coucher du soleil. On remarque qu'ils se heurtent souvent aux différents corps qui se trouvent sur leur passage ; ce qui ferait supposer que ce n'est point l'organe de la vue qui sert à les diriger, mais plutôt celui de l'odorat. On en voit cependant voltiger pendant le jour ; mais alors ce sont plus particulièrement les mâles qui sont à la recherche de leurs femelles. Les chenilles des phalènes n'ont, pour la plupart, que dix pattes, tandis que celles des précédents papillons en ont seize : leur manière de marcher en portant le haut du corps en avant, pour rapprocher ensuite le train de derrière, comme si elles mesuraient le terrain, leur a fait donner le nom de géomètres ou d'arpenteuses.

Comme genre, les phalènes, qui forment la famille des nocturnes de Latreille, sont caractérisées par la présence de crins aux ailes, qui tiennent celles-ci bridées, dans le repos, comme celles des sphinx, ce qui les distingue des papillons; mais elles diffèrent des précédents par la forme des antennes : celles-ci sont semblables à des soies, et vont en diminuant de grosseur de la base vers la pointe.

Rien n'offre plus de difficultés que la classification de ces animaux; aussi, les méthodes employées dans ce but, jusqu'à ce jour, ne sont-elles guère que des ébauches très-imparfaites. Des caractères pris, tantôt de la forme des ailes, tantôt de celle de la chenille, ont été tour à tour invoqués pour former des sections, ou pour établir des genres; loin d'entrer dans tous ces détails, nous nous bornerons à donner une idée de ce que peuvent offrir d'intéressant les espèces principales.

La *phalène du sureau* a le corps d'un jaune soufre; les ailes de même couleur, avec deux lignes transversales obscures, et le commencement d'une troisième entre ces lignes sur les ailes supérieures; les inférieures ont un prolongement en forme de queue, et deux petites taches d'un rouge brun au bord postérieur. Cette espèce, commune aux environs de Paris, vit sur le sureau et sur le rosier.

Le *ronge-bois*, d'un gris cendré, avec de petites lignes noires très-nombreuses sur les ailes supérieures, y formant de petites veines entremêlées de blanc. Sa chenille, semblable à un gros ver, vit à l'intérieur du bois de l'orme, du chêne ou du saule.

Le *grand paon*, ou *paon de nuit*, offre l'espèce la plus grande connue dans nos climats ; il a jusqu'à cinq pouces d'envergure. Ses ailes sont rondes, d'un brun saupoudré de gris ; chacune d'elles présente sur son milieu une sorte d'œil noir, coupé par un trait transparent, entouré d'un cercle d'un fauve obscur, d'un demi-cercle blanc, d'un autre rougeâtre, et enfin d'un cercle noir. Son corps est brun, avec une bande blanchâtre en avant. Cette sorte de phalène a aussi été appelée *bombyce*. La chenille est verte avec des tubercules bleus, d'où partent de longs poils.

Le *ver-à-soie*, ou *bombyce du mûrier*, si connu de tout le monde, est originaire des provinces septentrionales de la Chine. Suivant Latreille, la ville de Turfan, dans la petite Bucharie, fut long-temps l'entrepôt des soiries de la Chine ; mais les Huns ayant expulsé les naturels du pays, c'est d'une de leurs colonies, répandues dans l'Inde, que des missionnaires grecs transportèrent, du temps de Justinien, les œufs du ver-à-soie à Constantinople. Sa culture passa, à l'époque des premières croisades, de la Morée en Sicile, au royaume de Naples, et plusieurs siècles après, sous Sully particulièrement, dans notre pays. Le magnifique produit des insectes dont nous parlons, est aujourd'hui, comme on le sait, une des richesses de la France, bien connue et bien répandue, qui, anciennement, se vendait au poids de l'or.

Il est presque inutile de décrire cet animal; on sait que sa chenille se nourrit des feuilles du mûrier, qu'elle se file une coque ovale d'un tissu serré de soie très-fine, le plus souvent d'un beau jaune, et quelquefois blanche ; qu'elle se transforme en nymphe, et enfin en un papillon blanchâtre, avec deux ou trois raies obscures et transverses et une tache en croissant sur les ailes supérieures.

Enfin, on range parmi les *phalènes*, sous le nom d'*écailles*, ces papillons dont la chenille dépouille les bois entiers de leurs feuilles ; sous celui de *teignes*, ceux qui habitent les draps, les pelleteries et les tapisseries ; sous le nom de *noctuelles*, quelques espèces qui vivent dans les bois, les prairies ou les jardins; quelques autres, qu'on trouve sur la vigne, près des pommiers, de l'aulne ou du chêne, sous le nom de *pyrales*, etc., etc.

GÉNÉRALITÉS

SUR LES LÉPIDOPTÈRES.

Il n'est personne qui n'ait remarqué que lorsqu'on vient à toucher un papillon, une phalène ou un sphinx, une sorte de poussière diversement colorée provenant du corps de ces insectes reste attachée aux doigts ; cette poussière consiste en une multitude de petites écailles qui servent de revêtement aux animaux dont nous parlons, et dont l'existence, constante chez tous, a servi à les désigner collectivement sous le nom de *lépidoptères*, nom formé de deux mots grecs, et qui signifie *ailes à écailles*.

Les lépidoptères forment un ordre d'insectes les plus beaux et les plus favorisés de la nature sous le rapport des ornements. Ils ont tous quatre ailes amplement développées, et sur lesquelles mille nuances de pourpre, d'émeraude et d'azur, se marient diversement à l'éclat des métaux les plus polis. Le plus grand nombre est pourvu d'une trompe qui leur sert à puiser le nectar dans le calice des fleurs. On ne retrouve plus les trois segments qui formaient le tronc des insectes hexapodes ; ils sont confondus pour former un corsage d'une seule pièce ; celui-ci s'amincit en bas, et donne naissance à l'abdomen formé de six à sept anneaux et privé d'aiguillon ou de tarière. On ne connait point ici de ces individus avortés, privés des attributs de l'un ou de l'autre sexe ; on ne rencontre que des mâles et des femelles.

La vie de ces insectes commence, ainsi que nous l'avons déjà observé dans les ordres précédents, par l'état inférieur de larve : on leur donne plus particulièrement alors le nom de *chenilles*. Celles-ci ont six pieds écailleux, ou à crochets, qui répondent à ceux de l'insecte parfait, et, en outre, quatre à dix pieds membraneux, dont les deux derniers sont situé à l'extrémité postérieure du corps. D'autres, comme les *arpenteuses*, n'ont en tout que dix à douze pieds.

Les chenilles se nourrissent, pour la plupart, de substances végétales ; quelques-unes, cependant, rongent des étoffes de laine, le cuir, la cire, la graisse ou le lard. Elles changent ordinairement quatre fois de peau avant de passer à l'état de **nymphe ou de chrysalide**. La plupart filent une coque où elles se renferment ; la matière soyeuse dont elles font usage est préparée par des vaisseaux intérieurs dont les extrémités viennent, en s'amincissant, aboutir à la lèvre ; au bout de celle-ci est un petit mamelon qui sert de filière et qui donne issue aux fils de soie.

Les œufs pondus dans l'arrière-saison, n'éclosent qu'au printemps prochain ; la chenille vit tout l'été, puis elle passe l'hiver en terre sous forme de chrysalide et achève sa métamorphose dans la belle saison. Quelques espèces de lépidoptères, particulièrement les diurnes, éclosent en peu de jours ; souvent même ces insectes donnent deux générations par année.

En résumé : la famille des *diurnes* est caractérisée par l'absence de soies propres à retenir les ailes ; celle des *crépusculaires* par la présence d'une soie et des antennes en fuseau ; enfin celle des *nocturnes*, par la présence d'une soie et des antennes sétacées.

Ordre.	Familles.	Genres.
Lépidoptères.	Diurnes. Crépusculaires. Nocturnes.	Papillons. Sphinx. Phalènes.

§ II. *Insectes Diptères.**

LES COUSINS.

Rien n'est plus répandu et plus connu que ces insectes malfaisants, et rien n'est peut-être aussi plus digne d'intérêt que leur histoire. On trouve des cousins dans les contrées froides de la Laponie, en assez grand nombre pour que les habitants du pays soient obligés de les éloigner en faisant des feux. Les contrées chaudes de l'Amérique en renferment de nombreuses espèces, et nos climats tempérés sont loin d'être exempts de ces hôtes incommodes.

C'est par l'état de larve que commence la vie du cousin. Celle-ci est nécessairement habitante des eaux, car la femelle qui a pondu ses œufs a eu soin de les déposer à la surface de quelque mare où elle les abandonne à l'é-closion. La puissance de reproduction est tellement grande chez ces animaux, que chaque femelle peut donner naissance à deux ou

* Ou insectes *à deux ailes.*

16.

trois cents œufs, et qu'il y a cinq ou six générations dans une année. La multitude
d'œufs ainsi déposée est unie en une seule
masse flottante comme une sorte de radeau.
C'est en dessous et du côté submergé que la
larve pratique, pour sortir, une ouverture à
sa prison. Ensuite elle nage avec vivacité, s'en-
fonçan' de temps en temps, mais pour revenir
bientôt à la surface de l'eau afin de respirer
l'air. Ces larves éprouvent enfin trois ou
quatre mues en quinze jours ou trois semaines.

Après ce temps, l'animal demeure environ
dix jours à l'état de nymphe ; puis il se transforme complètement en insecte parfait. Cette
métamorphose et les soins qu'elle exige sont
tellement dignes d'intérêt , que nous ne saurions mieux faire que de citer ici les propres
expressions d'un observateur tel que Réaumur. « L'insecte qui est parvenu au moment
où ses enveloppes ne lui sont plus nécessaires,
et qui veut s'en tirer, se tient, comme
auparavant, en repos à la surface de l'eau ;
mais au lieu que, dans les autres temps où il
ne changeait pas de place, la partie postérieure de son corps était contournée et comme
roulée en dessous, il redresse alors cette
partie, et la tient étendue à la surface de

l'eau, au-dessus de laquelle son corselet est élevé. A peine a-t-il été un moment dans cette position, qu'en gonflant les parties intérieures et antérieures de son corselet, il oblige la peau de se fendre assez près de ses deux stigmates ou même entre les deux stigmates, qui ont la figure d'oreilles ou de cornets ; cette fente n'a pas plus tôt paru, qu'on la voit s'alonger et s'élargir très-vite ; elle laisse à découvert une portion du corselet de l'insecte parfait. Dès que la fente a été assez agrandie, et l'agrandir assez est l'affaire d'un instant, la partie extérieure du cousin ne tarde pas à se montrer ; bientôt on voit paraître sa tête qui se lève au-dessus des bords de l'ouverture. Mais ce moment et ceux qui suivront jusqu'à ce que le cousin soit entièrement hors de sa dépouille, sont des moments où il court un terrible danger.

» Cet insecte qui vivait dans l'eau, qui aurait péri s'il en eût été dehors pendant un temps assez court, a subitement passé à un état où il n'a rien autant à craindre que l'eau ; s'il était renversé sur l'eau, si elle touchait son corselet ou son corps, c'en serait fait de lui. Voici comment il se conduit dans une situation si délicate. Dès qu'il a fait paraître sa tête et son corselet, il les élève autant qu'il peut au-dessus des bords de l'ouverture qui leur a permis de paraître au jour. Le cousin tire la partie postérieure de son corps vers la même ouverture, ou plutôt cette partie s'y pousse en se contractant un peu et en s'alongeant ensuite ; les rugosités de la dépouille dont elle s'efforce de sortir, lui donnent des appuis. Une plus longue portion du cousin paraît donc à découvert, et en même temps la tête s'est avancée vers le bout antérieur de la dépouille ; mais à mesure qu'elle s'avance **vers** ce côté, elle se redresse et s'élève de plus en plus. Ce bout antérieur du fourreau et son bout postérieur se trouvent donc vides. **Le** fourreau alors est devenu pour le cousin une espèce de bateau dans lequel l'eau n'entre point, et où il serait bien dangereux qu'elle entrât. Le cousin est lui-même le mât du petit bateau qui le porte. Les grands bateaux qui doivent passer sous les ponts ont des mâts qu'on peut coucher ; dès que le bateau est hors du port, on hisse son mât, et en le faisant passer successivement par différentes inclinaisons, on l'amène à être perpendiculaire au plan horizontal. Le cousin s'élève ainsi successivement jusqu'à devenir lui-même le mât de son petit bateau, et un mât posé verticalement. Toute la différence qu'il y a ici, c'est que le cousin est un mât qui devient plus long à mesure qu'il s'élève davantage ; à mesure qu'il s'élève, une nouvelle partie du corps sort du fourreau ; quand il est parvenu à être presque dans un plan vertical, il ne reste plus dans le fourreau qu'une portion assez courte de son bout postérieur. On a peine à s'imaginer comment il a pu se mettre dans une position si singulière, qui lui est absolument nécessaire, et comment il peut s'y conserver. Ni les jambes ni les ailes n'ont pu l'aider en rien ; celles-ci sont encore trop molles et comme empaquetées, et les autres sont étendues et couchées tout du long du ventre ; ses anneaux seuls ont pu agir. Le devant du bateau est beaucoup plus chargé que le reste : aussi a-t-il beaucoup plus de volume.

» L'observateur qui voit combien ce devant de bateau enfonce, combien ses bords sont près de l'eau, oublie dans l'instant que le cousin est un insecte auquel il donnera volontiers la mort dans un autre temps. Il devient inquiet pour son sort, et il le devient bientôt davantage pour peu qu'il s'élève de vent, pour peu que ce vent agisse sur la surface de l'eau. On voit pourtant d'abord avec plaisir la petite agitation de l'air, qui suffit pour faire voguer le cousin avec vitesse; il est porté de différents côtés ; il fait différents tours dans le baquet. (C'était dans un baquet rempli d'eau à moitié ou aux trois quarts que Réaumur faisait ses observations). Quoiqu'il ne soit que comme une espèce de bâton ou de mât, parce que les ailes ou les jambes sont appliquées contre le corps, il est peut-être, par rapport à son petit bateau, une voilure plus grande qu'aucune de celles qu'on ose donner à un vaisseau. On ne peut s'empêcher de craindre que le petit bateau ne soit couché sur le côté, ce qui arrive quelquefois dans les temps ordinaires, et très-souvent lorsque les cousins se transforment dans des jours où le vent a trop de prise sur la surface de l'eau du baquet; dès que le bateau a été renversé ; dès que le cousin a été couché sur la surface de l'eau, il n'y a plus de ressources pour lui. Il est pourtant plus ordinaire que le cousin parvienne à faire son opération heureusement; elle n'est pas de longue durée. Tout le danger peut être passé dans une minute. Le cousin, après s'être dressé perpendiculairement, tire les deux premières jambes du fourreau, et il les porte en avant; il tire ensuite les deux suivantes. Alors il ne cherche plus à conserver sa position gênante:

il se penche vers l'eau ; il s'en approche ; il
pose dessus les jambes ; l'eau est pour elles
un terrain solide qui, sans céder trop, peut
les soutenir, quoique chargées du corps de
l'insecte. Dès que le cousin est ainsi sur l'eau,
il est en sûreté, ses ailes achèvent de se dé-
plier et de se sécher, ce qui est fait plus vite
qu'on ne peut le dire. Enfin, le cousin est en
état d'en faire usage, et bientôt on le voit
s'envoler, surtout si on tente de le prendre. »

Le cousin, ainsi parvenu à son état parfait,
offre un corps grêle et cylindrique monté sur
des pattes très-longues et très-minces ; sa tête
est basse et petite avec des yeux verdâtres et
à reflets rouges, des antennes poilues qui,
dans les mâles, ressemblent à de petits panaches, et une trompe dirigée en avant, renfermant un suçoir piquant composé de cinq
soies que l'animal enferme à volonté dans le
corps des animaux dont il veut sucer le sang
pour se nourrir. La partie qui forme le thorax est très-bombée ; elle supporte les pattes,
et deux ailes membraneuses dont les nervures sont pourvues de quelques petites écailles ;
on voit au-dessous deux petits corps ronds et
plats qui remplacent la seconde paire d'ailes
que l'on remarque chez les autres insectes, et
qu'on nomme les *balanciers*. L'abdomen est

long, cylindrique et recouvert, surtout sur les côtés, de poils et d'écailles.

C'est principalement dans les endroits hum'des, ou dans le voisinage des eaux stagnantes, que les cousins choisissent leur résidence. Ils aiment le suc des fleurs, mais c'est de sang surtout qu'ils sont avides, et l'on connaît leur importunité lorsqu'ils trouvent l'occasion de se procurer ce genre de nourriture. C'est le soir qu'ils sont le plus à craindre et qu'ils cherchent plus particulièrement à exercer leurs ravages ; ils pénètrent en bourdonnant dans les lieux habités et enfoncent leur suçoir dans la chair, même à travers les vêtements. Ils distillent en ce moment dans la plaie une liqueur vénéneuse qui irrite la blessure, l'enflamme, et produit un gonflement douloureux. Dans quelques contrées, leur présence est si incommode, qu'on a tenté bien des moyens de s'en préserver : en Laponie, comme nous l'avons dit, on allume de grands feux pour les chasser, ou bien encore on se frotte la peau avec de la graisse pour se préserver de leur piqûre. En Amérique et dans les parties méridionales de l'Europe, on se sert de gaze pour intercepter leur passage par les ouvertures des. habitations, ou pour s'envelopper le corps avec des *cousinières* ou *moustiquaires*, com-

me on nomme ces appareils, du nom de *mous-
tiques* qu'on donne aussi à ces animaux dans
quelques pays. Lorsqu'on a été piqué par des
cousins, le meilleur remède est de sucer
d'abord la blessure pour en extraire le venin;
puis de faire des applications d'eau fraîche, ou
de cataplasmes composés d'herbes émollientes
si le cas est assez grave pour l'exiger.

LES TIPULES.

Les tipules ressemblent beaucoup aux cousins : même corps étroit et alongé, avec des
pattes longues et grêles ; même tête ronde
avec des yeux à facettes ; le thorax est aussi
bombé et l'abdomen cylindrique. Cependant,
ces animaux se distinguent par une trompe
ordinairement plus courte, n'ayant que deux
ou trois soies à l'intérieur, ou, lorsqu'elle est
longue, présentant la forme d'un syphon ou
d'un bec. Cette trompe n'est plus portée en
avant comme chez les cousins; elle se tient
perpendiculaire et courbée sur la poitrine.

Quelques espèces de tipules ont la plus
grande ressemblance avec les cousins, ce qui

les a fait appeler *culiciformes ;* celles-ci s'élèvent dans les airs et y forment comme de petites nuées qui montent et descendent continuellement, en faisant entendre un petit bourdonnement aigu. D'autres, plus grandes, se tiennent dans les jardins et les prairies, on leur a donné le nom de *tailleurs* ou de *couturières.* Les larves des premières vivent dans l'eau ; celles des secondes se rencontrent soit dans la terre, soit dans le fumier, d'autrefois dans les champignons, et même dans les galles qui se forment sur les végétaux.

LES ASILES.

On les distingue des précédents à leur trompe écailleuse, presque conique, avancée en forme de bec, à leur tête oblongue en travers, et à leurs ailes toujours couchées sur le corps pendant le repos. Ces animaux vivent dans les champs, dans les prairies et dans les jardins vers l'automne. Ils volent rapidement, surtout lorsque le soleil est très-chaud, et font entendre un bourdonnement assez fort. Ils sont tous carnassiers et se nourrissent de bourdons, de tipules, ou de mouches qu'ils saisissent au vol, et qu'ils piquent ensuite de leur aiguillon pour les sucer. Leurs larves vivent dans la terre.

LES EMPIS.

Ces animaux sont de petite taille ; ils vivent de proie et du suc des fleurs ; assez semblables aux précédents, ils en diffèrent néanmoins par une tête plus ronde et par une trompe perpendiculaire ou dirigée en arrière.

LES BOMBILLES.

Ainsi se nomment ces insectes à corps ramassé, velu, ayant les ailes écartées sur les côtés et le port de la mouche domestique. On les voit voler avec rapidité, et planer souvent au-dessus des fleurs sans s'y poser, y introduisant leur longue trompe pour en sucer le miel. Ils font entendre en volant un bourdonnement semblable à celui des abeilles. Leurs larves sont encore inconnues ; mais on suppose qu'elles sont parasites.

LES ANTHRAX.

Ce sont encore des insectes assez analogues aux mouches, dont le corps est velu, moins bossu et plus plat que celui des bombilles. Leur trompe est généralement plus courte, peu avancée au-delà de la tête, souvent même entièrement rentrée dans la bouche, et terminée par un petit renflement formé par les lèvres. Leurs ailes sont quelquefois transparentes et sans couleurs, d'autrefois opaques et colorées. On trouve les anthrax, en été, dans les lieux garnis de fleurs, ou auprès des murs exposés au soleil.

LES TAONS.

Les taons sont cette sorte de grosses mouches qui attaquent les bœufs et les chevaux pour se nourrir de leur sang. Ils vivent, le plus ordinairement, dans les prés bas et humides et dans les bois peu aérés. Leur corps est, en général, peu velu ; la tête est hémisphérique et pourvue de deux yeux d'un vert doré et d'un suçoir court, de six pièces, avec deux lèvres alongées sur les côtés de la trompe qui le renferme. Les ailes sont étendues horizontalement de chaque côté du corps. C'est à la fin du printemps que ces insectes commencent à paraître et à bourdonner dans les bois et dans les pâturages, où ils font souvent couler le sang des bêtes de somme qui n'ont pas de moyen de repousser leurs attaques.

LES OESTRES.

L'aspect des œstres est celui d'une grosse mouche, mais entièrement velue ; ce qui les caractérise surtout, c'est l'absence d'une trompe dont on ne voit guère à la bouche que quelques rudiments.

Si la forme des œstres n'offre rien de bien remarquable, on ne saurait en dire autant de leurs mœurs et du cercle bizarre dans lequel s'accomplissent les phases de leur existence. C'est à la peau de que'ques animaux, tels que le cheval, l'âne, le renne, le cerf, le bœuf, le chameau, le lièvre ou le mouton, que l'œstre femelle vient confier sa postérité ; elle se balance dans les airs au-dessus d'eux, s'approche de temps en temps, et, à chaque fois, en s'arrêtant à peine, elle dépose un œuf. Là, cet œuf éclot au bout de peu de jours, et bientôt la jeune larve, rencontrée par la langue du quadrupède qu'elle habite, se trouve engloutie dans son estomac; elle y vit très-bien, se nourrissant des sucs gastriques qu'elle y rencontre, prend tout son accroissement, puis se dirige vers l'extrémité postérieure du tube digestif d'où elle sort, et tombe à terre seule ou poussée par les excréments. Elle s'enfonce alors dans le sol pour s'y transformer en nymphe, et subir enfin le complément de métamorphose, l'état d'insecte parfait. Dans cet état éphémère, l'œstre ne mange pas; il n'a même pas de bouche, aussi cherche t il bien vite à accomplir sa carrière par l'acte de la reproduction.

Quelques auteurs avaient cru que les chevaux attaqués ainsi par les œstres ne se portaient pas moins bien que ceux qui n'en nourrissaient pas; mais il serait difficile de croire à cette assertion, car l'on sait combien, en général, les animaux parasites finissent par altérer la santé de ceux qui les nourrissent, surtout lorsqu'ils sont fixés sur des organes intérieurs. Le témoignage de Vallisniéri est,

d'ailleurs, contraire à cette opinion ; il attribue à ces insectes, d'après Gaspari, la cause
d'une maladie épidémique qui fit périr, en
1713, beaucoup de chevaux dans le Véronais
et le Mantouan.

Certaines larves d'œstres ne quittent jamais
la peau où la mère les a enfoncées au moyen
d'une tarière dont l'extrémité de son corps
est pourvue ; elles y vivent au milieu de l'humeur purulente que l'irritation de leur présence y a produite. Elles sont connues des
habitants de la campagne sous le nom de
taons. D'autres, enfin, déposées auprès des
narines de l'animal, cheminent dans les fosses
nasales jusque dans les sinus frontaux où elles
se fixent au moyen de deux forts crochets
dont leur bouche est armée ; c'est ce qui arrive ordinairement aux moutons, que cette
espèce semble attaquer de préférence.

LES MOUCHES.

Bien s'en faut que les insectes auxquels on
donne le nom de *mouches*, en histoire naturelle, soient aussi nombreux qu'on le croit

généralement. L'étude des genres précédents a pu donner une idée de ce que nous avançons en attribuant déjà d'autres noms a des insectes que le vulgaire range volontiers sous celui de *mouches*. Mais il en est bien autrement ici, où l'infidélité des méthodes différentielles se montre, comme partout ailleurs, et permet aux plus mesquines ambitions de se satisfaire en établissant de bonne foi, sur la plus petite différence, un nouveau groupe et une nouvelle dénomination. La mémoire la mieux organisée ne suffirait pas à une telle multiplicité; aussi, n'aurons-nous pas la prétention d'assigner ici à ces êtres des caractères génériques aussi restreints que ceux qu'on attribue au groupe des mouches proprement dites.

Ce que Linné appelait le genre des *mouches*, Latreille le nomma plus tard la famille des *muscides*, et puis il la restreignit encore et la divisa sous divers noms. Geoffroy, de Géer, Fabricius, et d'autres après eux, apportèrent de nouveaux changements dans le grand genre des *mouches* qu'avait adopté Linné, jusqu'à ce qu'enfin Latreille ait fixé ainsi qu'il suit les caractèrs de ce groupe : ailes écartées, les deux premiers articles des antennes beaucoup plus courts que le troisième ; celui-ci formant une palette alongée et prismatique qui porte une scie mince et souvent plumeuse.

Quoi qu'il en soit, les mouches ont toutes une trompe très-apparente, munie de deux petits palpes très-fins, qui peuvent rentrer avec elle dans la bouche. Elles ont aussi un suçoir composé de deux pièces. Dire quelle est la forme de leur corps serait chose inutile, tant ces animaux sont communs en tous pays, et connus, par conséquent, de tout le monde. On voit leurs nombreuses espèces rechercher avidement divers genres de nourriture ; les unes se posent continuellement sur toutes les viandes, d'autres sur divers mets, surtout sur ceux qui sont sucrés, d'autres enfin volent uniquement dans les jardins et dans les endroits fleuris pour humer le suc des fleurs. On sait encore combien elles sont incommodes lorsqu'elles attaquent les hommes ou les animaux, attirées par leur transpiration.

Les mouches vivent d'abord à l'état de larve dans différentes matières, et surtout dans celles qui sont corrompues ; quelques-unes se nourrissent de champignons, de feuilles, de graines ou de fruits ; on en connaît une surtout qui habite le fromage, et qui a la faculté de sauter et de s'élancer en l'air assez haut. Leur forme est celle d'un ver, leur tête est molle, charnue et garnie de deux crochets écailleux, accompagnés quelquefois de mamelons et d'une sorte de langue propre à recevoir les sucs nutritifs: il n'y a point d'yeux. Les stigmates sont au nombre de quatre ordinairement; deux sont situés sur le premier anneau, et on pourrait les prendre au premier abord pour des yeux; les autres sont placés au milieu d'une plaque circulaire, souvent écailleuse, terminant le dernier anneau. Il n'y a pas de mue chez ces insectes; leur peau, au lieu de les abandonner, se durcit simplement et devient une sorte de cocon dans lequel la nymphe se métamorphose.

La *mouche domestique*, l'espèce la plus commune, a le corselet d'un noir cendré, avec quatre raies noires, l'abdomen brun, tacheté, jaunâtre en-dessous. Elle est sujette à une maladie très-remarquable, et dont on ne connaît pas la cause : son ventre s'enfle considérablement, les anneaux qui le forment se déboitent, et les pièces qui les recouvrent s'éloignent les unes des autres ; si l'on vient alors à l'ouvrir, on trouve l'intérieur rempli d'une matière grasse, onctueuse, de couleur blanche. Cette matière pénètre la peau et s'accumule souvent sur la surface du corps.

Dans cet état, les mouches restent attachées par leurs pattes aux murailles et ne tardent pas à périr.

La *mouche dorée* ou *mouche césar*, est cette jolie espèce d'un vert doré, brillant, de la grandeur de la mouche domestique, et que l'on rencontre assez communément dans toute l'Europe.

La *mouche bleue de la viande*, plus grande que les autres, a le corselet noir et l'abdomen d'un bleu foncé, brillant, garni de poils noirs. On la voit bourdonner autour de la viande pour y déposer ses œufs.

La *mouche carnassière*, plus grande encore que la précédente, est d'un jaune doré en devant; ses yeux sont rouges et son corps entièrement couvert de poils noirs; l'abdomen est noir, luisant, avec des taches blanches et rougeâtres à l'extrémité. Elle offre cette particularité qu'elle est vivipare, et que ce ne sont point des œufs, mais des larves écloses et toutes vivantes qu'elle dépose sur la viande.

LES HIPOBOSQUES.

Ainsi sont désignées ces mouches plates et larges, dont le corps est revêtu d'une peau coriace comme du cuir, et que l'on trouve ordinairement sur les chevaux. Les hipobosques ont une trompe et un suçoir qui diffèrent quelque peu de ceux des insectes précédents; leurs ailes sont toujours écartées et accompagnées de balanciers. La peau de l'abdomen offre une singulière conformation dans les femelles : elle est formée d'une membrane continue, de sorte que cette partie du corps peut se distendre et acquérir un volume considérable ; ce qui coïncide avec la faculté propre à ces animaux de laisser leurs larves éclore à l'intérieur et s'y nourrir jusqu'à l'époque de leur transformation en nymphes.

Ces insectes courent très-vite, et souvent de côté; aussi Réaumur les appelait-il *mouches-araignées*. On les a nommées encore, dans quelques pays, *mouches bretonnes ou mouches d'Espagne*. Les hipobosques n'attaquent pas seulement les chevaux, mais encore les bœufs, les moutons et les chiens; Réaumur assure même qu'ils sont friands du sang humain.

GÉNÉRALITÉS SUR LES DIPTÈRES.

Les *diptères*, ou insectes *à deux ailes*, se distinguent bien nettement des ordres précédents par ce seul caractère, et par la présence de ces deux petits corps qui semblent être le vestige de la seconde paire d'ailes et qu'on nomme les *balanciers*. Ils ont tous six pattes. Leur bouche est pourvue d'un suçoir composé de deux à six soies raides et aiguës, enveloppées d'une gaîne en forme de trompe, terminée ou par deux lèvres, ou par un étui formé de deux lames. On conçoit dès lors que leur nourriture ne saurait être solide, et qu'elle doit se composer uniquement des sucs que ces animaux peuvent extraire après avoir entamé les corps avec la pointe de leur suçoir, pointe très-aiguë et faisant l'office d'une lancette. Chez tous la métamorphose est complète, et la durée de leur existence extrêmement courte, surtout dans leur dernier état.

Latreille a cru devoir grouper ces insectes en cinq familles : 1° les *némocères*, à antennes composées de plusieurs articles, le plus souvent de quatorze à seize ; 2° les *tanystomes*, n'ayant que deux ou trois articles aux antennes, mais pourvus d'une trompe saillante; 3° les *nonacanthes*, qui ont soit une trompe très-courte avec deux grandes lèvres, soit très-longue en forme de siphon, et logée sous un museau avancé en forme de bec et portant les antennes ; 4° les *athéricères*, dont la trompe se retire totalement dans l'intérieur de la bouche ; 5° les *pupipares*, dont la trompe naît d'un petit bulbe situé dans la bouche.

Ordre.	Familles.	Genres.
	Némocères.	Cousins. Tipules.
Diptères.	Tanystomes.	Asiles. Empis. Bombilles. Anthrax. Taons.
	Nonacanthes.	Stratiomes.
	Athéricères.	Astres. Mouches.
	Pupipares.	Hipobosques.

Si nous voulons maintenant porter nos regards plus haut et embrasser l'ensemble de la *classe* brillante et nombreuse des *insectes*, nous reverrons onze groupes principaux ou ordres, en réunir les genres et les familles : les MILLE-PIEDS, les THYSANOURES, les PARASITES, les SUCEURS, les COLÉOPTÈRES, les ORTHOPTÈRES, les HÉMIPTÈRES, les NÉVROPTÈRES, les HYMÉ- NOPTÈRES, les LÉPIDOPTÈRES et les DIPTÈRES. Quelques auteurs y joignent un douzième ordre sous le nom de *rhipiptères*; mais il nous paraît trop peu important pour ne pouvoir pas être supprimé ici, et réuni, comme l'a fait Lamarck, à celui des *diptères*.

Insecte, *insectum*, vient du verbe latin *inseco*, je coupe. C'est, en effet, un des caractères extérieurs les plus apparents de cette classe d'animaux, d'avoir le corps formé de segments très-distincts. Ce caractère, il est vrai, se retrouve dans une foule d'animaux qui ne sont pas rangés parmi les insectes; tels sont les vers, les annélides, les cirripèdes ou les arachnides ; mais il faut aussi observer que la dénomination d'insectes, dénomination fort ancienne, s'étendait autrefois à la plus

grande partie des classes d'animaux inférieurs; qu'aujourd'hui le groupe a été restreint seulement, tout en conservant sa dénomination première. On a réservé le nom d'*insecte* à tout animal formé de segments, comme
nous venons de le dire, et offrant en outre : une
tête distincte, pourvue d'antennes, d'yeux
composés, toujours immobiles et quelquefois
accompagnés d'yeux simples; une bouche
formée de trois pièces paires opposées; un canal digestif; des appareils sécrétoires; des trachées pour la respiration; un seul vaisseau
appelé dorsal et remplaçant le cœur; un
système nerveux, placé sur la partie moyenne
et inférieure du corps et composé d'une série
de ganglions; des sexes séparés, et enfin su-
bissant des mues ou des métamorphoses.

La tête, le thorax et l'abdomen sont trois
parties bien distinctes chez les insectes; chacune d'elles est encore composée de plusieurs
pièces auxquelles les naturalistes assignent
des noms particuliers. Ainsi : à la tête on distingue les *antennes*, les *yeux*, le *front* qui
est la partie la plus élevée, les *joues* qui
sont sur le côté, le *chaperon* ou la pièce
qui se trouve entre le front et la lèvre supérieure, enfin la *bouche;* celle-ci est composée
de diverses pièces, au nombre de six bien

distinctes dans la plupart des cas, et formant une *lèvre supérieure*, deux *mandibules*, deux *mâchoires* et une *lèvre inférieure*. Mais très-souvent la disposition de ces pièces n'est plus la même, et leur forme varie de manière à former une *trompe*, un *bec* ou un *suçoir*.

La seconde partie du corps, ou le *thorax*, porte encore le nom de *poitrine* et de *corselet*. On le trouve souvent formé de trois portions ou anneaux, et c'est au premier de ces anneaux que plusieurs naturalistes donnent uniquement le nom de *corselet*; mais d'autres appellent ainsi l'ensemble du thorax ; comme c'est ainsi qu'on le désigne plus vulgairement, et que d'ailleurs, dans beaucoup d'insectes, cette pièce n'est nullement distincte de l'ensemble du thorax, nous ne donnons pas de noms particuliers à ses pièces, les noms de premier, second et troisième segments du thorax suffisant pour les désigner. Au-dessous des trois pièces du thorax se trouve une partie plate, à la formation de laquelle chacune d'elles participe plus ou moins, mais particulièrement le segment moyen, qu'on nomme le *sternum*; en dessus, il en est de même d'une autre pièce, très-large dans quelques espèces, et qu'on appelle l'*écusson*. L'abdomen, ou la troisième partie du corps de l'insecte, n'offre pas une segmentation qui ait reçu des noms particuliers ; quant à celles des divers appendices, tels que les *ailes*, les *élytres*, les *pattes*, etc., nous en avons déjà parlé longuement dans le cours de ce volume.

L'anatomie des organes intérieurs, aussi bien que les fonctions qui leur ont été dévolues, offrent ici quelques détails dignes de fixer un instant notre attention. A partir de la bouche, commence un tube digestif, tantôt droit, tantôt flexueux ou enroulé sur lui-même, et qui présente cette particularité qu'en général sa longueur est en rapport avec la nature de l'aliment dont se nourrit l'insecte. Si celui-ci est carnassier, le tube digestif ayant moins à faire, puisqu'il agit sur une substance déjà animalisée, se trouve plus court ; il est plus long, au contraire, s'il appartient à un insecte herbivore ; et l'on conçoit que, dans tous les cas, il varie selon les divers âges et les divers états de l'animal. De nombreux vaisseaux de deux ordres viennent y verser, les uns de la bile, les autres de la salive, pour accomplir l'acte de la digestion. La graisse est un des éléments le plus abondamment répandus dans la structure de ces êtres, particulièrement dans leur état de larve ; car plus tard, après la métamorphose, elle diminue considérablement, ce qui amène à conclure qu'elle est un accessoire de l'appareil digestif, et qu'elle est essentiellement employée à la nutrition, lorsque celui-ci vient à cesser ses fonctions. On voit sur les parties latérales du thorax et de l'abdomen, de chaque côté, une série de petites ouvertures destinées à l'entrée de l'air, pour la respiration, et qu'on appelle les *stigmates*. De ceux-ci partent des canaux qui se portent à l'intérieur du corps pour y distribuer le fluide, et qui forment des branches et des rameaux semblables à de petits arbrisseaux qui vont se répandre et se perdre sur les membranes, dans les muscles et jusque dans les ailes et les pattes ; ces canaux se nomment les *trachées*. Ici on ne trouve pas de cœur; et en effet, l'air venant lui-même vivifier les fluides dans le sein des organes, un appareil de vaisseaux destiné à porter ceux-ci au contact de l'air extérieur était complètement inutile, et s'il reste un seul vestige d'un appareil circulatoire de ce genre, dans le *vaisseau dorsal*, ce vestige est encore assez douteux pour que beaucoup de naturalistes le regardent comme un organe destiné à d'autres fonctions.

Le système nerveux des insectes ressemble trop à celui des annélides, des crustacés et des arachnides, pour que nous ayons à revenir sur sa structure ; mais il n'en est pas ainsi des organes des sens , et leur étude doit nous arrêter un instant. L'organe du tact est répandu partout dans la première phase de l'existence, alors que la peau est souple et délicate , et il s'éteint lorsque , plus tard , l'insecte parfait se revêt d'une peau coriace et cornée , ou plutôt il semble se réfugier à l'extrémité des antennes que l'animal emploie à palper les corps qui se trouvent sur son passage. L'existence du goût ne laisse point de doutes , puisqu'on voit les mouches , les papillons ou les abeilles, goûter à diverses substances, et les abandonner quand elles ne leur plaisent pas. L'odorat est ordinairement fort exquis ; car on voit de nombreuses espèces attirées, soit par les fleurs , soit par diverses matières animales ou végétales dont l'odeur peut se répandre au loin; mais on ignore quels sont les organes appropriés à ce sens ; les uns ont voulu qu'il résidât dans les antennes, d'autres l'ont placé dans les conduits de l'air où il s'exécuterait d'une manière tout-à-fait analogue à ce qui se passe chez les animaux supérieurs, chez lesquels les émanations odorantes sont portées avec l'air dans les narines et perçues sur la membrane pituitaire qui les tapisse. Les insectes entendent très-bien, pour la plupart, et l'organe de cette sensation est supposé avoir son siége à la base des grandes antennes. La vue est de tous les sens le mieux constaté. Nous avons signalé bien des fois l'existence de deux sortes d'yeux ; les uns sont simples et n'existent pas toujours, ce sont les yeux *lisses* ; les autres sont constamment au nombre de deux, ce sont les yeux *composés*. Qui croirait que ces derniers, qu'on remarque si bien sur les parties latérales de la tête, ne sont point simplement deux yeux, mais l'assemblage de plusieurs milliers d'yeux réunis en deux faisceaux ? Cette surface bombée, qui semble comme chagrinée, n'est ainsi inégale que parce qu'elle résulte de l'assemblage d'une multitude de petites facettes à six côtés réunies comme une sorte de pavé. Chacune de ces facettes constitue un œil bien distinct, pourvu de toutes ses parties, et qu'on peut étudier isolément. On doit bien penser, après cela, quel vaste champ de vision est ouvert à ces animaux, lorsqu'une multitude immense d'yeux se trouve exposée dans toutes les directions sur une surface sphérique ; ce nombre est tel, que de bons observateurs ayant eu la patience de les compter, en ont trouvé, de chaque côté, six mille trois cents soixante-deux sur la tête d'un scarabée ; seize mille sur celle d'une mouche, et trente-quatre mille six cent cinquante sur celle d'un papillon. Une pareille structure supplée parfaitement à l'immobilité des yeux des insectes.

La *métamorphose*, l'un des caractères les plus importants de la classe qui nous occupe, ne s'opère point d'une manière également complète dans toute son étendue : les cloportes, et quelques genres voisins, n'éprouvent d'autre changement durant leur vie qu'une augmentation dans le nombre des pattes; les sauterelles, les blattes et les grillons prennent seulement des ailes et deviennent propres à la reproduction. Cette sorte de métamorphose a été appelée *incomplète.* La multitude offre, au contraire, dans la nation des insectes, de nombreux exemples de la *métamorphose complète.* Quelle distance n'y a-t-il pas entre la forme et les mœurs de ce ver qui rampe péniblement sur le sol, et l'insecte agile et léger auquel appartient le royaume des airs ! On serait tenté de croire que des existences si diverses n'appartiennent nullement au même individu. Cependant nul doute à cet égard ; la transformation s'opère chaque jour sous nos yeux, et l'anatomiste sait même aller au-devant du fait en trouvant déjà dans la larve informe tous les éléments organiques de l'insecte parfait. Swammerdam, par la finesse de ses dissections, parvint à démontrer, non-seulement que l'enveloppe de la nymphe était renfermée dans la peau de la larve, mais que la première contenait le papillon lui-même avec tous ses organes, quoique dans un état presque fluide. Ayant aussi fait bouillir dans l'eau, pendant quelques minutes, une chenille prête à passer à l'état de nymphe, il mit facilement à découvert le futur papillon avec ses ailes roulées sur elles-mêmes, et logées entre le premier et le second segment de la chenille, ses antennes, et sa trompe appliquées sur le devant de la tête, et ses propres pattes contenues dans celles de la chenille. Les mêmes résultats peuvent encore être obtenus lorsqu'on laisse préalablement séjourner pendant quelques jours une chenille dans l'esprit de vin. Enfin, Réaumur trouva les œufs du papillon dans la chenille elle-même huit jours avant sa transformation, et Malpighi découvrit ceux du ver-à-soie dans une chrysalide transformée depuis peu de jours seulement.

On ne sait ce qu'on doit le plus admirer dans la contemplation des insectes, ou des merveilles de leur organisation, ou de l'élégance et de la richesse de leurs formes. Aussi, cette occupation n'a-t-elle pas été le seul partage de quelques savants, et beaucoup de loisirs ont-ils été charmés par cette attrayante étude. La chasse, l'éducation ou la conservation de ces jolis animaux pour la formation des collections, peuvent intéresser tant de personnes, que nous croyons devoir entrer ici dans quelques détails à ce sujet. La chasse aux insectes ailés s'exécute au moyen d'un filet, qui consiste en un cercle de fil-de-fer de vingt-cinq à trente centimètres (environ dix pouces) de diamètre, fixé au bout d'un bâton, et entouré par l'ouverture d'un petit sac de gaze qu'on y adapte. Il suffit, pour s'en servir, de porter l'instrument dans la direction de l'insecte et de droite à gauche horizontalement lorsqu'il vole ou qu'il est posé sur une fleur ; on tourne aussitôt la main pour qu'un côté du cercle ferme la poche en s'appuyant tout contre, puis avec l'index et le pouce on cherche à saisir doucement l'animal pour ne pas altérer ses couleurs ; on le presse au niveau du corselet, et lorsqu'il ne fait plus de mouvements, on introduit la main dans le filet pour le prendre et pour le percer d'une épingle fine qui doit servir à le fixer. On le pique alors dans une boite dont on doit s'être muni à l'avance, et dont voici la structure : elle a ordinaire-

ment trente-trois centimètres (un pied) environ de long sur onze (quatre pouces) de
large , et huit à neuf (trois pouces) de haut ;
le fond et le couvercle sont doublés de liége ,
afin qu'on puisse aisément y piquer les épingles. Souvent on donne à ces boites une forme
ovale , comme une sorte de navette arrondie
par les deux bouts, ce qui permet de l'introduire facilement dans la poche. Il est presque
inutile de dire qu'il faut piquer les plus petits
insectes au couvercle de la boite et les plus
grands au fond , afin qu'ils ne soient pas dé-
tachés et entrainés par leur propre poids.
Lorsqu'on suppose qu'on pourra en rencontrer de très-grandes dimensions, comme certains scarabées, ou qu'ils auront à subir les
secousses d'un voyage, on a soin de se munir
de flacons remplis d'esprit de vin dans lequel
on les plonge, ce qui permet de les transporter
sans la moindre altération. D'autres fois on
reçoit les insectes, lorsqu'ils sont très-petits,
dans une serviette que l'on tend sous les arbres
ou sous les buissons que l'on secoue, et qu'on
frappe avec un bâton pour les faire tomber ,
ou bien dans un parasol que l'on tient renversé. Il est enfin une sorte de filet fort utile
pour atteindre ceux qui vivent dans l'eau, et
que les naturalistes ne doivent pas négliger ;

ce filet a la même forme que celui que nous venons de décrire, seulement le fil-de-fer doit être plus fort, et au lieu d'une gaze on y adapte une toile solide, mais d'un tissu très-clair; on le promène dans le fond des eaux stagnantes, et même dans la vase, et on le ramène souvent chargé d'insectes dignes d'enrichir une collection.

Lorsqu'en rentrant chez soi on trouve les insectes morts, et leurs pattes trop rapprochées du corps, il suffit de les tendre et de les maintenir pendant un certain nombre d'heures, avec des épingles, dans la position qu'on veut leur donner. Quant aux papillons, on se sert, pour maintenir leurs ailes étendues, d'une petite planche, au milieu de laquelle est creusée une gouttière. Le corps de l'insecte y étant logé, on étale les ailes, et on applique dessus une lame de verre qui les maintient jusqu'à ce qu'elles soient sèches. Les araignées sont très-difficiles à conserver à cause de la mollesse de leur abdomen; le meilleur parti à prendre, est de les piquer sur un petit bâton ou sur une planchette, et de les plonger dans l'esprit de vin. Si cependant on voulait tenter de les conserver sèches, il faudrait séparer l'abdomen avec des ciseaux; par l'ouverture de la coupure, on introduirait le bout d'une allumette qu'on aurait rendue pointue à ses deux extrémités, et l'on piquerait l'autre bout dans un bouchon de liége; puis on introduirait cet abdomen dans un tube de verre ouvert des deux côtés d'un diamètre de deux centimètres (neuf lignes), et de vingt centimètres (sept pouces) de long. On fermerait ainsi une des ouvertures avec le bouchon que l'on tiendrait toujours à la main, et on exposerait le tube à la flamme d'une bougie, en ayant soin de le tourner pour que la petite étuve eût partout une chaleur égale. Quand on s'apercevrait que l'abdomen est rond et sec, on l'ôterait du feu, on le laisserait refroidir dans le tube, puis on enlèverait l'allumette ou on la couperait, et on le collerait au corselet de l'araignée avec un mélange de gomme arabique et d'amidon.

Quand on veut conserver des chenilles, il faut les faire périr dans un bocal où l'on a mis un peu de camphre; puis on fait sortir, en pressant doucement et avec précaution, les viscères intérieurs par l'extrémité postérieure du corps, de manière à les réduire à la peau; alors on introduit dans l'ouverture un petit chalumeau de paille, l'on souffle et l'on serre avec un fil; il suffit ensuite de dessécher cette préparation dans un pot de grès que l'on chauffe sur un réchaud ou dans un bain de sable. On peut aussi remplir de sable fin ou de coton la peau de la chenille ; ou bien y injecter avec une petite seringue un mélange de parties égales de cire et de suif fondus que l'on pourrait même colorer. Il est rare que l'on puisse se procurer directement, au moyen de la chasse, tous les papillons, et surtout les papillons de nuit ; il faut alors aller à la recherche de leurs chenilles, que l'on enferme dans des boites dont le fond est couvert de terre, afin que certaines espèces puissent s'y enfoncer pour la transformation ; puis on n'a d'autre précaution à prendre que de leur donner à manger quelques brins de la plante sur laquelle on a pris la chenille, et, au lieu de couvercle, de recouvrir la boite avec une gaze ou un filet afin d'épier le moment de la métamorphose et d'empêcher ainsi l'évasion des prisonniers.

Il nous reste, pour terminer ce chapitre, à parler d'un moyen fort ingénieux qui a été employé pour conserver les brillantes couleurs des papillons, c'est celui de l'impression. Voici en quoi il consiste : on étend légèrement avec un pinceau, sur une feuille de papier bien uni et un peu fort, une dissolution de gomme arabique à laquelle on a ajouté du sel marin, en quantité suffisante pour ôter le brillant de la gomme ; on coupe ensuite les ailes du papillon et on les applique sur l'enduit en laissant entre elles l'espace qu'aurait dû occuper le corps de l'animal. Cela fait, on plie le papier en deux, on appuie légèrement dessus avec la paume de la main pour que les deux côtés s'appliquent l'un contre l'autre, en ayant soin de ne pas rapper ; puis on place le tout entre plusieurs ffeuilles de papier ordinaire, et l'on fait passer dessus un cylindre de bois en l'appuyant assez fortement pour faire l'impression ; aussitôt, et avant que les deux côtés du papier aient eu le temps de se sécher et de se coller, on retire celui-ci, on l'ouvre, on enlève doucement les nervures ; et l'on voit les écailles des lépidoptères représentant parfaitement, et sans la moindre altération, le papillon dont on a voulu conserver l'image. On figure le corps, les pattes et les antennes, avec des couleurs, ces parties étant trop épaisses pour être imprimées. Ce procédé n'exige qu'un peu d'adresse et surtout un peu d'habitude, et il offre l'avantage de pouvoir former des collections plus durables, plus faciles à transporter, et qui exigent moins de soins que celles que l'on obtient en conservant l'insecte lui-même tout entier.

CHAPITRE X.

DES ANIMAUX ARTICULÉS, EN GÉNÉRAL.

Lorsqu'en terminant le premier volume de cet ouvrage, nous avons cessé de considérer ces existences à peine ébauchées qui se meuvent au sein des eaux, nos regards se sont portés vers des êtres mieux organisés, sans doute, mais qui rappellent bien cependant leur triste parenté avec les résultats les plus infimes de la création. Si les *vers* semblent être le développement de quelques *infusoires*, les *annélides* ne paraissent guère que le développement de certains *vers;* le microscope a souvent de la peine à ranger tel petit être parmi les *zoophytes* ou parmi les *articulés*, et les *cirripèdes* viennent confondre en une même structure la forme de l'*annélide* et la coquille du *mollusque*. Que l'on parcoure cependant la série que nous venons de dérouler, depuis les annélides jusqu'aux insectes, et quelque chose de commun viendra en rapprocher les groupes entre eux et les isoler de ceux dont l'étude a précédé. Tous offrent de la symétrie ; leurs organes extérieurs sont distribués par paires, et leur corps est comme coupé en travers, de distance en distance, et formé de pièces articulées ; il n'est pas jusqu'aux membres et aux plus petits appendices qui ne présentent ce caractère ; de là le nom d'animaux *articulés*, qu'on a donné aux êtres de ce grand embranchement.

L'étude de cette partie de l'histoire naturelle forme un tout qui se lie assez bien, et qui s'isole d'ailleurs suffisamment pour être devenu l'objet d'une spécialité sous le nom d'*entomologie*. Ce n'est point sans raison, aussi, qu'on donne à cette série le nom d'*embranchement*, car si du point de départ, c'est-à-dire du voisinage des infusoires ou des vers, nous la voyons s'élever en une ligne non interrompue de transitions et de perfectionnements jusqu'à la riche structure des insectes, à ce point aussi on s'arrête, comme arrivé au terme, et on ne trouve plus de chaînon capable de rattacher cette chaîne à une nouvelle série.

On croirait même avoir rencontré ici comme une création à part, répétant, sous une autre forme, les faits des grands animaux dont nous admirons l'organisation et l'industrie. « Le penseur, s'il est habile observateur, dit Wilhem dans ses *Récréations tirées de l'histoire naturelle* (1er cahier), y trouvera rassemblées les merveilles répandues dans les autres classes d'animaux. L'œil perçant du lynx et du faucon, la forte cuirasse de l'armadille, la superbe queue du paon, le bois imposant du cerf, la vitesse du chevreuil, la fécondité du lièvre, l'ingénieux nid de la mésange de Pologne, et toutes les aptitudes du castor dans l'art de bâtir, de l'écureuil à grimper, du singe à gambader, de la grenouille à nager, et de la taupe à creuser; il les trouvera, disons-nous, souvent même à un plus haut degré de perfection chez les insectes. Ici, il verra des milliers d'yeux hexagones qui réfléchissent les objets en mille manières, et le cerf-volant armé d'un beau bois; ici, les ailes du papillon lui étaleront les peintures les plus séduisantes, et les élytres de l'insecte à étuis lui montreront une très-bonne armure défensive : ici,

les abeilles et les fourmis lui feront connaître
des constructions d'édifices bien supérieures à
celles du nid du pendolin, et une république d'animaux bien plus nombreuse que celle
que composent les castors; ici l'araignée porte-
sac montrera, pour avoir son sac à l'œuf,
lorsqu'on le lui aura pris, une inquiétude
aussi tendre que la chatte à qui l'on a ravi ses
petits : puis, lorsqu'il verra la punaise du
bouleau veiller à la sûreté de sa progéniture,
avec les mêmes soins vigilants que la poule à
celle de sa couvée, la phalène-paon donner à l'enveloppe destinée à sa métamorphose,
la forme et la distribution d'une nasse à
prendre le poisson, avec au moins autant
d'adresse que l'oiseau tailleur en fait paraître
à coudre son nid ; et lorsqu'il considérera la
nombreuse postérité de la blatte, le vol de la
sauterelle, le saut du taupin, la manière de
ramer du scorpion aquatique, la lumière
brillante du ver luisant ; lorsqu'il verra le
hanneton sortir de dessous le terrain battu
d'un jeu de quille, le dermeste fossoyeur
(nécrophore) enterrer des animaux beaucoup plus grands que lui, la teigne se faire
une jaquette bigarrée, la casside verte et la
criocère du lys se composer un manteau de
leurs excréments, la cigale de l'écume s'en-

velopper en effet d'écume, le fourmilion se creuser un fossé en entonnoir, et le bernard-l'hermite, dans le sentiment de son impuissance à se bâtir un abri, aller se réfugier dans la première coquille assortie à sa taille; lorsqu'il apercevra d'innombrables petits flocons suspendus autour d'une branche d'aune, s'élever sur les feuilles du chêne, du houx, du chiendent, des protubérances et des boutons singuliers qui sont l'ouvrage tantôt des kermès, tantôt des gallinsectes; lorsqu'il verra, disons-nous, tous ces objets et mille autres pareils avec des yeux attentifs, comment cet observateur pourrait-il regarder un seul instant cette classe d'animaux comme moins riche en merveilles que les autres? »

Certes il y a, dans la simple contemplation des formes extérieures, de quoi exercer la curiosité et l'admiration de l'observateur le moins instruit; mais que de nouvelles merveilles n'existent pas aussi pour l'anatomiste qui sonde les secrets de l'organisation! et pour celui-là surtout qui se sert des yeux de l'esprit aussi bien que des yeux du corps, et qui sait aider son scalpel de philosophiques inductions? Un *anneau* semble être l'élément exclusivement employé à la formation des êtres dont il s'agit, et cet anneau se répète lui-même en une série de segments dans la simple annélide aussi bien que dans l'insecte le plus parfait. Chaque anneau est un tout complet, ayant sa portion de tube digestif, ses organes respiratoires sous forme de branchies ou sous celles de trachées, et ses appendices locomoteurs. Mais là n'est pas tout le merveilleux encore : les travaux les plus modernes de l'anatomie en sont venus à démontrer que tous les animaux articulés, quelque variées que soient leurs formes, ne sont composés que d'anneaux semblables à ceux dont nous venons de parler, et que la diversité de leurs membres ou des autres appendices extérieurs n'est qu'une modification ou un développement plus ou moins grand des mêmes éléments. Déjà il a été dit, à l'occasion des annélides, que la branchie suspendue de chaque côté d'un anneau se divise, dans quelques espèces, en deux parts dont l'une, supérieure, conserve sa fonction respiratoire primitive, et l'autre, inférieure, donne naissance à de longs faisceaux de soies, et devient un organe du mouvement, un véritable membre. De plus, nous avons vu qu'au fur et à mesure que les anneaux sont plus près de la tête, la forme des appendices varie : que tantôt ils s'alongent en filets tentaculaires qui sont les organes du tact ou ceux de la préhension; ou bien que les faisceaux de soies se rapprochent et se soudent en des masses dures et cornées faisant l'office de dents ou de mâchoires.

Que l'on prenne maintenant un animal quelconque dans la série des *articulés*; le même phénomène se répète chez tous : l'anatife présente, à la naissance de chacun de ses bras, un faisceau de branchies ; au thorax du homard on voit, à chaque anneau, surgir, au même point et de chaque côté, une branchie et une patte ; et l'on peut observer aisément la transformation de ces organes en mâchoires ou en autres appendices de la manducation, vers la tête ; enfin, on les voit s'atrophier en fausses pattes , et finir par s'éteindre avec les anneaux de l'abdomen. Parmi les insectes, les mille-pieds offrent, dans presque toute la longueur de leur corps, la même uniformité ; les thysanoures, qui suivent, répètent, par les franges qui les ornent, les fausses pattes des crustacés, et récemment on a démontré, à côté de celles-ci, l'existence d'organes respiratoires. Chez d'autres insectes, il est vrai, la respiration étant aérienne, les branchies ont disparu pour faire place aux trachées; mais encore ici, certains anneaux du corps ont conservé, sous une autre forme, quelques branchies qui ont pris une nouvelle destination, se sont accrues et desséchées, et ont formé des ailes ; cette opinion, quelque extraordinaire qu'elle paraisse, est celle qui a été émise au sein de l'Académie des Sciences par un entomologiste dont l'autorité est d'un grand poids, par Latreille, et on la retrouve encore dans l'*A-natomie philosophique* de Carus. Il n'est pas jusqu'aux parties de la bouche, si dissemblables dans les divers insectes, qui ne soient réellement formées chez tous des mêmes matériaux organiques : soit que ceux-ci s'alongent en forme de soies ou de dard, soit qu'ils se réunissent et s'étendent en trompe, ou bien qu'ils restent à l'état de mâchoires, ces curieux résultats ont été mis hors de doute par les travaux de M. Savigny. On dirait, en un mot, que l'immense variété des êtres dont nous nous occupons n'est que le produit de transformations successives.

On le dirait avec juste raison. Est-il même besoin de chercher si loin des analogies ? les insectes et leurs métamorphoses ne viennent-ils pas servir de témoignage vivant à cette vérité ? Nous avons vu le scalpel des Swammerdam, des Réaumur et des Malpighi atteindre la forme et les organes du papillon jusque dans la chenille. Il faut donc reconnaître qu'il y a unité de plan, *unité de composition*, dans les formes animales, quelque diversifiées qu'elles soient. Voici, à ce sujet, le témoignage d'un des entomologistes modernes les plus distingués, de M. Audouin, consigné à l'article *insecte*, du *Dictionnaire classique d'histoire naturelle* : « A travers les apparences si diverses que présente le système extérieur des insectes, nous sommes arrivés, par une étude approfondie, à déterminer : 1° que ce squelette est formé d'un nombre déterminé de pièces distinctes ou soudées intimement entre elles ; 2° que dans plusieurs cas les unes diminuent ou disparaissent réellement, tandis que les autres prennent un développement excessif ; 3° enfin, que les différences qu'on remarque entre les espèces de chaque ordre, de chaque famille et de chaque genre, peuvent toutes s'expliquer par l'accroissement ou l'état rudimentaire qu'affectent simultanément telles ou telles pièces. Cette conséquence générale qui résulte d'observations nombreuses, comprend la série incohérente des anomalies qui ne sont réputées telles que parce que, jusqu'à présent, on n'a pas embrassé, dans les travaux anatomiques, la totalité des animaux

articulés, et qu'on s'est fort peu occupé d'a-
nalyser comparativement les parties qui entrent dans la composition de leur squelette;
en effet, tous ces prétendus écarts de la nature
ne sont que des accroissements variés et insolites de pièces qu'on retrouve ailleurs avec
un volume, une forme et des usages fort différents. » On pourrait même ajouter que si
quelqu'un se fût proposé de déconcerter les
partisans des analogies dont nous parlons, il
n'eût pu mieux choisir qu'en demandant un
rapprochement, ou seulement la moindre
comparaison entre des objets aussi différents
que cette vile multitude de vers à peine ébau-
chés, et la riche nation qui habite les airs;
mais la Providence elle-même a pris soin de la
réponse, en opérant la métamorphose sous
nos yeux.

A voir la fécondité et à la fois la simplicité
de cette manière d'étudier les êtres, on serait
tenté de croire que telle a dû toujours être la
méthode des naturalistes; mais il n'en est
point ainsi. La science ne fut pour beaucoup qu'une collection de faits curieux capables d'égayer ou de piquer la curiosité des
oisifs, plutôt que de procurer une instruction
solide et profitable à l'humanité; pour d'autres, ce fut un vaste répertoire d'êtres

diversement conformés, que la mémoire la mieux organisée pourrait à peine compter, et un assemblage plus vaste encore d'organes différents dans chaque espèce d'êtres, et recevant à chaque variation un nom différent. *L'anatomie philosophique* vient aujourd'hui ouvrir une autre route à l'investigation ; véritable conquête de notre siècle, destinée à opérer toute une révolution dans les sciences, elle est le bienfait dont M. Geoffroy-Saint-Hilaire a doté la jeunesse et glorifié son pays : « Pour cet ordre de considérations, dit-il, il n'est plus d'animaux divers : un seul fait les domine, c'est comme un seul être qui apparaît. Il est, il réside dans l'*animalité*, être abstrait, qui est tangible par nos sens sous des formes diverses. » Que ceux donc que l'attrait des merveilles de la nature, rassemblées en aussi grand nombre chez les êtres qui nous occupent, aura appelés à l'étude de l'entomologie, ne se laissent plus guider uniquement par le seul plaisir de classer minutieusement, et de décrire ; que leur esprit s'élève à la contemplation des masses ; que leurs regards, planant des hauteurs de l'intelligence sur tant de faits individuels, cherchent à en saisir les rapports, et de nouvelles merveilles apparaîtront à leurs yeux.

Si *l'unité de composition organique* est une chose démontrée ; si les êtres les plus divers se présentent comme tous formés primitivement des mêmes matériaux et en même nombre, l'application de cette grande loi à tous les cas possibles devient facile à l'aide de quelques principes simples qui servent de règle, et qui ont été donnés par l'auteur même de la doctrine, par M. Geoffroy-Saint-Hilaire. Le premier est celui du *balancement des organes*, c'est-à-dire celui qui constate ce fait, que lorsqu'un organe quelconque diminue de volume, qu'il s'apauvrit ou qu'il disparaît, sa substance profite aux organes voisins, qui se développent davantage ; ou, à l'inverse, lorsqu'un organe quelconque vient à s'accroître avec excès, c'est toujours au détriment d'un ou de plusieurs des organes situés dans le voisinage. Le second principe est celui des *connexions* ; il découle de l'invariabilité des rapports des organes entre eux, invariabilité si incontestable que jamais on ne rencontre un organe éloigné de son voisinage ordinaire : il est plutôt anéanti que transposé ; ainsi, le thorax ne sera jamais ailleurs qu'entre la tête et le ventre ; la cuisse autrement placée qu'entre la jambe et la hanche ; de telle sorte que, quelque dissemblables que soient les or-

18.

ganes dans les animaux les plus différents, dès que vous aurez pu constater l'identité d'un seul ou de quelques-uns, vous aurez bientôt découvert les autres. Ainsi, vous appellerez thorax ce qui sera immédiatement entre la tête et le ventre ; vous appellerez main ce qui sera à l'extrémité du bras ; vous appellerez cuisse ce qui sera entre la hanche et la jambe. Ce *principe des connexions* est un véritable fil d'Ariane qui peut conduire sûrement à travers le dédale des formes si variées de l'organisation des êtres. Il y a seulement une chose à observer, c'est de ne point s'en laisser imposer par la soudure de quelques organes réunis en un seul, ou par la petitesse ou même par l'absence de quelques-uns ; on vient souvent à bout d'éluder la première difficulté en choisissant des sujets dans un âge plus tendre, où la soudure n'a pu encore s'opérer ; et la seconde, en étudiant l'organe dans les espèces qui le présentent à son plus grand état de développement. On voit qu'on pourrait même se faire pour toute une classe, pout tout un ordre, ou pour tout autre groupe plus ou moins grand d'animaux, un *type* idéal qui présenterait tous les organes à leur plus haut degré de développement.

On a pu remarquer plus haut, dans la citation que nous avons donnée de M. Audouin,

que le nom de *squelette* avait été employé en
parlant de l'enveloppe solide qui entoure les
insectes; ceci prouve que l'analogie s'étend
au-delà du cercle des animaux articulés, et
que, s'il est facile de les comparer entre eux,
il n'est pas impossible de tenter un rapprochement avec les êtres supérieurs qui possèdent un véritable squelette osseux dans l'intérieur de leurs chairs. M. Geoffroy-Saint-Hilaire est le premier qui ait mis les naturalistes
sur cette voie et qui ait démontré que cette
enveloppe est réellement l'analogue du système
osseux. La peau, ici, se trouve collée sur l'os
lui-même, comme elle l'est sur la carapace
d'une tortue. Il nomme *vertèbre*, chacun des
anneaux du corps d'un animal articulé, par
analogie avec ces os taillés en rondelles, qui
longent l'échine des êtres plus parfaits, et qui,
empilés, forment une série ou *colonne vertébrale* autour de laquelle vit l'animal; seulement, ici l'articulé, au lieu de vivre au-
dehors, vit au-dedans de sa colonne vertébrale,
dont les appendices sont employés à la locomotion. La sauterelle ou l'écrevisse sont donc
formés d'une série de vertèbres, et leurs pattes
ne méritent cette dénomination qu'à cause de
la fonction locomotive qu'elles remplissent;
anatomiquement ce sont les analogues des

côtes des animaux supérieurs; seulement, il en résulterait que l'endroit où s'attachent les côtes étant ici tourné du côté du sol, l'animal marcherait sur son *dos*. Mais qu'importent nos dénominations? nous voyons bien les poissons dits *pleuro-nectes* nager sur le côté; la proposition est si vraie, et le côté de l'écrevisse qui est tourné vers le sol est si bien le dos, que si vous ouvrez le crustacé en cet endroit pour examiner les organes intérieurs, vous trouvez, absolument comme chez les êtres auxquels nous les comparons, d'abord le système nerveux, puis le tube alimentaire, puis enfin les vaisseaux; tandis que si vous l'ouvrez du côté du prétendu dos, vous verrez tout transposé, et vous serez tenté de croire que la nature est bizarre et inconséquente, là où il n'y a que conséquencee et régularité.

Il serait inutile d'insister sur le nouveau jour qu'une telle manière d'étudier jette sur les faits de l'organisation, et sur la source de jouissances et de découvertes qu'elle doit procurer un jour à ceux qui l'auront cultivée. Jetons les yeux maintenant sur un autre tableau, et contemplons la science des industries, des *instincts*, comme on les nomme, des populeuses familles qui sont l'objet de nos recherches. Cette partie de l'histoire des animaux est, sans contredit, une des plus intéressantes et peut-être une des moins scrupuleusement étudiées dans les œuvres modernes d'histoire naturelle ; il semble que les auteurs de nos jours, entraînés par la nouveauté et par le besoin des détails anatomiques, aient été éloignés de la route si bien suivie par les auteurs anciens, toujours piquants et féconds dans les observations de mœurs. S'il n'existe pas de monde plus diversifié sous le rapport des formes que celui des insectes, il n'en est pas, non plus, qui soit plus varié sous celui des occupations; ce sont deux choses qui semblent même être dans un constant rapport chez tous les animaux; vous verrez rarement ceux qui se ressemblent par l'organisation, différer beaucoup pour les mœurs. Il suit de là que la forme du corps et les instruments dont la nature l'a pourvu doivent jouer un rôle très-important dans les déterminations *instinctives*; et c'est sous ce point de vue sans doute que les observateurs eussent dû diriger leurs études. Il n'en a point été ainsi; on a beaucoup admiré, on a surtout cherché à exciter cette admiration, en donnant aux actes de l'instinct une couleur piquante, et l'on pourrait presque dire romanesque : mais l'admiration, toute fondée et toute louable qu'elle puisse être, ne suffit pas toujours aux progrès de la science. Ici, comme en anatomie, il semble que l'accumulation des faits de détails atteigne enfin son terme, et que la recherche du nombre doive enfin faire place à celle de la *raison* des choses.

Les besoins qui résultent de chaque fonction organique sont la source de la diversité des actes des insectes, et en même temps les instruments qui leur sont dévolus vont les accomplir. Le même animal varie dans ses mœurs à mesure qu'il varie dans sa forme, et il remplit les diverses phases de son rôle sur la scène du monde par le seul entraînement de ses organes, sans que l'intelligence ou la prévision doivent être supposés y entrer pour beaucoup. Ceci est vrai surtout à l'égard des insectes dont la vie, pour un même individu, s'accomplit sous des formes différentes, auxquels on n'apprend rien et qui ne sauraient être détournés de leurs habitudes. On sait que le cynips dépose ses œufs sous l'écorce des arbres et y fait naître ces gales qui servent de nid et d'abri à sa progéniture ; mais s'il était privé de tarière et de la liqueur irritante qu'il dépose en même temps dans la fibre végétale, croit-on qu'il cherchât à agir ainsi ? Si l'on se rappelle l'habitude où sont les fourmis de suivre une même ligne, on doit se rappeler aussi qu'elles perdent leur route et qu'elles sont déconcertées, dès qu'on passe le doigt en travers sur leur chemin. Il faut donc croire qu'une trace matérielle seule les guide aveuglément, et que l'ordre qu'elles conservent ne saurait être comparé à celui d'une troupe ou d'une armée comme on le fait ordinairement; et c'est ce qu'on doit croire en effet; car on peut se convaincre, en faisant courir des fourmis sur du papier de tournesol, que partout où elles passent, elles laissent une ligne rouge sur le bleu du papier, ce qui indique que l'acide formique doit être la matière de la trace dont nous parlons. Bonnet se plaisait un jour à examiner des chenilles appelées *procession-naires*, qui sont dans l'habitude de se promener en suivant la trace les unes des autres, d'une manière analogue à celle des fourmis; mais cette trace est ici formée d'un ruban de soie, sans cesse augmenté de nouvelles couches à mesure que le nombre des promeneuses s'augmente. « Il n'y avait rien de si joli, dit cet auteur, que les cordons qu'elles formaient par leurs évolutions diverses; ils paraissaient, à une certaine distance, des traits d'or sur la pierre, mais ces traits étaient tous en mouvement, et les uns étaient tirés en ligne droite, tandis que les autres représentaient des courbes à plusieurs inflexions. Ce qui rendait le spectacle plus agréable encore, c'était que le cordon d'or, formé par le corps des chenilles placées immédiatement à la file les unes des autres et au nombre de plusieurs centaines, semblait couché sur un ruban de soie d'un blanc vif et argenté, et que l'on voyait bien que ce ruban était un petit sentier tapissé de soie, que ces chenilles suivaient si constamment. Ces princes de l'Orient, dont les voyageurs nous vantent la magnificence, ne marchent-ils jamais que sur des tapis de soie? » Quelque beau que soit le sort des chenilles, comparé à celui des princes de l'Orient, il faut ajouter que rien n'est au-dessous de leur intelligence, car Bonnet ayant voulu les empêcher de s'éloigner en mettant, au milieu d'un bassin plein d'eau, le vase où il les avait assemblées, elles continuèrent bêtement leur marche processionnelle et la plupart périrent dans l'eau.

Tout ce que font les insectes est, en général, si régulier, qu'on serait tenté de croire à de l'adresse de leur part, plutôt qu'à un sentiment de besoin irrésistible; cependant, nous avons vu combien une observation plus atten-

tive explique souvent le merveilleux de la
plupart de leurs actions qui, au premier
abord, étonnent notre intelligence. Nous ne
ferons que rappeler à cette occasion ce qui a été
dit dans ce volume, à l'article du fourmilion,
relativement à sa chasse et à sa ruse prétendue.
Il ne faut pas croire non plus, comme on le
pense vulgairement, que cet instinct soit un
guide toujours sûr et jamais en défaut ; nous
pouvons en citer une preuve entre autres :
la mouche-à-viande est connue par son goût
pour les matières animales en putréfaction,
et l'on sait combien elle aime à déposer ses
œufs dans les viandes gâtées, *afin que ses petits y trouvent en naissant leur pâture ;* mais
l'odeur cadavéreuse qu'exhale le gouet ser-
pentaire la trompe plus d'une fois, et,
lorsqu'il est en fleur, elle vole bien vite y
faire sa ponte. Il y aurait beaucoup à dire
aussi sur les abeilles, dont les poètes ont tant
célébré l'industrie, si on les observait dans un
tout autre esprit. Cette république, avec ses
castes diverses, s'explique déjà très-bien par
des différences dans le développement de
quelques organes. Rien ne s'écarte ici du plan
général de la nature ; il n'y a réellement que
deux sexes, les mâles et les femelles ou *reines,*
et la multitude des *mulets* travailleurs n'est

encore composée que de femelles dont les tarses se sont accrus aux dépens des organes de la génération. La cire n'est point le fruit d'une *industrie*, elle n'est que le résultat d'une sécrétion, et son emploi à former des cellules si régulières trouvera sans doute un jour son explication dans quelque cause fort simple et comme mécanique, peut-être précisément à cause de sa grande régularité. On sait très bien encore que les fourmis, dont on a tant vanté la prévoyance et admiré les greniers, ne prévoient pas, et n'enmagasinent pas des récoltes pour la saison du froid, qu'elles passent engourdies.

Ce n'est pas à dire, cependant, qu'à l'exemple de Descartes, notre intention soit de présenter ici les animaux comme de pures machines privées de toute espèce de sentiment et de connaissance ; nous avons voulu seulement tenir nos lecteurs en garde contre une manière d'observer et de décrire les mœurs qui, pour devenir plus piquante, s'écarte trop souvent de la vérité ; il suffirait, pour nous démentir, de se rappeler l'histoire toujours intéressante de Pélisson. Mais les annales de l'entomologie offrent, il faut l'avouer, peu d'exemples de ce genre, bien que l'éducation de l'araignée du malheureux prisonnier de la Bastille ait été très-bornée comparativement à ce qu'on rencontre chez d'autres animaux plus bas placés dans l'échelle des êtres, tels que les poissons et les reptiles, dont l'histoire doit suivre celle-ci.

On voit quel vaste champ d'observations et de plaisirs peut renfermer l'étude des animaux articulés; mystères de l'organisation, immense variété de mœurs, tout est réuni. La vue ne se borne plus ici à chercher, au sein des eaux, des créatures imparfaites : la terre et les airs se peuplent d'habitants. C'est tout un monde à part calqué sur notre monde, ayant ses tigres et ses loups dévorants, ses troupeaux paisibles, ses travaux, ses affections, et ses guerres cruelles. Là aussi sont réalisées toutes les formes les plus bizarres que l'imagination puisse concevoir; le luxe et la pompe dépassent tout ce qu'on rencontre dans les autres classes d'animaux. Et ce n'est point, même, par de lointains voyages que le naturaliste parviendra à enrichir ses collections ou à trouver des matériaux suffisants pour son étude, ou seulement pour sa curiosité : ces merveilles sont semées en tous lieux et sous ses pas avec la plus étonnante prodigalité. Il suffit donc d'un simple vouloir, d'un seul regard jeté à nos pieds, et de là peut naître le goût d'une étude dont le charme, de plus en plus attachant, répand sur notre existence la plus douce sérénité.

N'oublions pas, toutefois, que pour celui qui veut devenir véritablement naturaliste, pour celui qui veut jouir dignement de la plénitude des beautés de la nature, il faut plus. Il faut qu'à l'exemple de Buffon, loin de borner ses vues, il étende au loin le cercle de ses investigations dans la série des êtres, et qu'il médite enfin ces paroles du père de notre école philosophique en France : « S'élever au-dessus de cette fourmilière d'hommes qui s'individualisent et s'absorbent dans le sens de la vie matérielle; aborder de front toutes le données de l'univers; enfin penser à comprendre les rapports des choses, à les traduire et à les expliquer, c'est entrer dans le sein de Dieu, c'est s'y complaire avec appétence des brillants résultats de cette célèbre sentence : *connaître la raison des choses;* c'est, par ce haut exercice de la pensée, engager plus avant l'humanité dans les routes du savoir, et dans les fins de notre infinie perfectibilité. »

www.ingramcontent.com/pod-product-compliance
Lightning Source LLC
LaVergne TN
LVHW020555180726
843502LV00002B/248